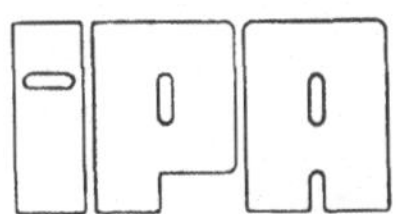

Forschung und Praxis · Band 67

Berichte aus dem Fraunhofer-Institut für Produktionstechnik und Automatisierung, Stuttgart, und dem Institut für Industrielle Fertigung und Fabrikbetrieb der Universität Stuttgart

Herausgeber: Prof. Dr.-Ing. H. J. Warnecke

Karl Weiss

Entwicklung flexibler Ordnungssysteme für die Automatisierung der Werkstückhandhabung in der Klein- und Mittelserienfertigung

Mit 68 Abbildungen

Springer-Verlag
Berlin Heidelberg New York 1983

Dipl.-Ing. Karl Weiss

Fraunhofer-Institut für Produktionstechnik und Automatisierung (IPA), Stuttgart

Dr.-Ing. H. J. Warnecke

o. Professor an der Universität Stuttgart

Fraunhofer-Institut für Produktionstechnik und Automatisierung (IPA), Stuttgart

D 93

ISBN-13:978-3-540-12455-9 e-ISBN-13:978-3-642-82060-1

DOI: 10.1007/978-3-642-82060-1

Das Werk ist urheberrechtlich geschützt. Die dadurch begründeten Rechte, insbesondere die der Übersetzung, des Nachdrucks, der Entnahme von Abbildungen, der Funksendung, der Wiedergabe auf photomechanischem oder ähnlichem Wege und der Speicherung in Datenverarbeitungsanlagen bleiben, auch nur bei auszugsweiser Verwendung, vorbehalten. Die Vergütungsansprüche des § 54, Abs. 2 UrhG werden durch die „Verwertungsgesellschaft Wort", München, wahrgenommen.

© Springer-Verlag, Berlin, Heidelberg 1983.

Die Wiedergabe von Gebrauchsnamen, Handelsnamen, Warenbezeichnungen usw. in diesem Werk berechtigt auch ohne besondere Kennzeichnung nicht zu der Annahme, daß solche Namen im Sinne der Warenzeichen- und Markenschutz-Gesetzgebung als frei zu betrachten wären und daher von jedermann benutzt werden dürften.

Gesamtherstellung: Copydruck GmbH, Offsetdruckerei, Industriestraße 1-3, 7251 Heimsheim, Telefon 0 70 33/38 25-26

2362/3020-543210

Geleitwort des Herausgebers

Die Entwicklungen in der Produktionstechnik in den letzten Jahrzehnten haben entscheidend zur positiven wirtschaftlichen und sozialen Entwicklung in der Bundesrepublik Deutschland beigetragen. Die Produktivität konnte jedes Jahr um durchschnittlich etwa 3,5 % gesteigert werden. Mechanisierung und Automatisierung wurden und werden stetig weiter vorangetrieben. Während es sich bisher jedoch um Verbesserungen an einzelnen Maschinen und Anlagen sowie Verfahren handelte, werden heute alle Unternehmensbereiche erfaßt, und man ist bemüht, das gesamte System Unternehmen bzw. Produktionsbetrieb zu optimieren. Das klassische Bemühen um Optimierung des Einsatzes und Zusammenwirkens der Produktionsfaktoren Mensch, Maschine und Material muß heute erweitert werden um die Berücksichtigung sozialer Belange, gesetzlicher Auflagen, Probleme der Energieversorgung , schnellen Veränderungen an den Produkten und auf den Märkten sowie Sicherung der Qualität und der Lieferfähigkeit.

Von wissenschaftlicher Seite wird und muß dieses Bemühen unterstützt werden durch die Entwicklung von Methoden und Vorgehensweisen zur systematischen Analyse und Verbesserung des Systems Produktionsbetrieb. Hier ist heute insbesondere auch der Fertigungsingenieur gefordert, nicht nur einzelne Maschinen und Verfahren zu beherrschen, sondern das gesamte komplexe System hinsichtlich der Verknüpfung seiner Elemente durch zweckmäßigen Informations- und Materialfluß. Beispielhaft seien dazu nur hinsichtlich des Informationsflusses die heute gegebenen Möglichkeiten der Datenerfassung und -verarbeitung in Fertigungsplanung und -steuerung an den einzelnen Produktionsanlagen sowie im Qualitätswesen genannt. Im Materialfluß geht es um richtige Auswahl und Einsatz von Fördermitteln, Förderhilfsmitteln sowie Anordnung und Ausstattung von Lägern. Der weiteren Automatisierung in der Handhabung von Werkstücken und Werkzeugen sowie der Montage von Produkten wird in nächster Zukunft allergrößte Aufmerksamkeit geschenkt werden. Leistungsfähige Sensoren werden die Möglichkeiten dafür sehr stark vergrößern.

Die beiden vom Herausgeber geleiteten Institute, das Institut für Industrielle Fertigung und Fabrikbetrieb der Universität Stuttgart sowie das Fraunhofer-Institut für Produktionstechnik und Automatisierung in Stuttgart, arbeiten in grundlegender und angewandter Forschung intensiv an den aufgezeigten Entwicklungen in der Produktionstechnik mit. Zur Umsetzung gewonnener Erkenntnisse wird die Schriftenreihe "IPA Forschung und Praxis" herausgegeben. Der vorliegende Band setzt diese Reihe fort, eine Übersicht über bisher erschienene Titel wird am Schluß dieses Bandes gegeben.

Dem Verfasser sei für die geleistete Arbeit gedankt, dem Springer-Verlag für die Aufnahme dieser Schriftenreihe in seine Angebotspalette und der Druckerei für saubere und zügige Ausführung. Möge das Buch von der Fachwelt gut aufgenommen werden.

Hans-Jürgen Warnecke

Vorwort

Die vorliegende Arbeit entstand während meiner Tätigkeit als wissenschaftlicher Mitarbeiter am Fraunhofer-Institut für Produktionstechnik und Automatisierung (IPA), Stuttgart.

Mein besonderer Dank gilt dem Leiter des Instituts, Herrn Prof. Dr.-Ing. H.J. Warnecke, für seine großzügige Unterstützung und Förderung, die entscheidend zur erfolgreichen Durchführung dieser Arbeit beigetragen haben.

Herrn Prof. Dr.-Ing. J. Looman danke ich für die Übernahme des Korreferats und für die wertvollen Hinweise, die sich daraus ergaben.

Aus dem großen Kreis der Kollegen des Instituts, die mich durch ihre Mitarbeit und anregende Kritik unterstützt haben, möchte ich die Herren Dr.-Ing. U. Schmidt-Streier und Dr.-Ing. M. Schweizer besonders erwähnen. Ihnen allen gilt mein herzlicher Dank.

Stuttgart, 1983

Karl Weiss

INHALTSVERZEICHNIS Seite

0 Abkürzungen und Formelzeichnen

A		Wirkpunkt
A_K		Kippkante, Drehpunkt
a, b, c	mm	Abmessungen eines prismatischen Werkstückes
a_B	mm	Bunker - Band Abstand
b_F	mm	Führungsbahnbreite
b_H	mm	Breite des Horizontalabweisers
b/a		Werkstückkantenverhältnis
b_V, b_{V1}	mm	Breite des Vertikalabweisers, einstufig, zweistufig
c/a, c/b		Werkstückkantenverhältnisse
$\vec{D}$		Dämpfungsmatrix
d	mm	Werkstückdurchmesser
d_a	mm	äusserer Werkstückdurchmesser
d_i	mm	innerer Werkstückdurchmesser
E_{kin}	$\frac{Nm}{s}$	Kinetische Energie
E_{pot}	$\frac{Nm}{s}$	Potentielle Energie
e	mm	Abstand Werkstücksymmetrieachse-Formelement
$\vec{F}$	N	Vektor der Fremderregung
Fe		Feder
F_A, F_B, F_C		
F_M, F_S	mm²	Werkstückauflageflächen
F_W	N	Am Werkstück angreifende Kraft

Gr		Grundplatte
g	$\frac{m}{s^2}$	Erdbeschleunigung
h	mm	Höhe
h_V	mm	Vertikalabweiserhöhe
i		Zählindex
$\vec{K}$	$\frac{kg}{s^2}$	Steifigkeitsmatrix
l	mm	Länge eines zylindrischen Werkstückes
l_1	mm	Teillänge eines zylindrischen Werkstückes
l/d		Länge-/Durchmesserverhältnis
$\vec{M}$	kg	Massenmatrix
m	kg	Masse
N (φ)	N	Auflagekraft im Drehpunkt
n		Zählindex
O_g		Ordnungsgrad
O_{gR}		Anzahl definierter rotatorischer Freiheitsgrade
O_{gT}		Anzahl definierter translatorischer Freiheitsgrade
$P, P_A, P_B, P_C, P_M, P_S$		Orientierungswahrscheinlichkeiten bezüglich möglicher Werkstückauflageflächen
Ri		Rinne
R (φ)		Reibungskraft
PHG		Programmierbares Handhabungsgerät

S		Schwerpunkt
S*		Gesamtschwerpunkt
s	mm	Abstand Schwerpunkt-Drehpunkt
t	s,min	Zeit
t_o		Ablösezeitpunkt eines Werkstückes von der Rampe
u,v,w		Koordinaten eines körperfesten Bezugssystems
u_S, v_S, w_S		Schwerpunktkoordinaten
v_o	$\frac{mm}{s}$	Geschwindigkeit zum Zeitpunkt t_o
$\vec{v}$	mm	Verschiebungsvektor der Förderrinne
$\dot{\vec{v}}$	$\frac{mm}{s}$	Geschwindigkeitsvektor der Förderrinne
$\ddot{\vec{v}}$	$\frac{mm}{s^2}$	Beschleunigungsvektor der Förderrinne
WS		Werkstück
WSA		Werkstückaufnahme
x,y,z		Koordinaten eines raumfesten Bezugssystems
x_A	mm	Abmessung der Aussparung in x-Richtung
x_S, y_S, z_S		Schwerpunktkoordinaten bezogen auf ein raumfestes Bezugssystem
x_{So}	mm	Abstand des Schwerpunktes vom Drehpunkt in x-Richtung zur Zeit t_o
$\ddot{x}_S$	$\frac{mm}{s^2}$	Beschleunigung des Werkstückschwerpunktes in x-Richtung
y_e	mm	Verschiebung der Förderbahnbreite
y_F	mm	Förderbahnbreite

y_H	mm	Ausrichterbreite
y_L	mm	Leistendicke
y_{Smax}	mm	max.Schwerpunktsabstand in y-Richtung
y_V	mm	Kanalbreite
z_H	mm	Höhe des Horizontalausrichters
z_R	mm	Rampenhöhe
$\ddot{z}_S$	$\frac{mm}{s^2}$	Beschleunigung des Werkstückschwerpunktes in z-Richtung
z_{Smax}	mm	maximaler Schwerpunktsabstand in z-Richtung
z_{So}	mm	Schwerpunktsabstand vom Drehpunkt zur Zeit t_o
$z_S(t)$	mm	Bahnkurve des Werkstückschwerpunktes
$z_S(\varphi)$	mm	Bahnkurve des Werkstückschwerpunktes in Abhängigkeit vom Drehwinkel
z_V	mm	Höhe des Vertikalausrichters
α	Grd	Winkel zwischen Werkstück und Förderbahn
α_o	Grd	Winkel zwischen Werkstück und Förderbahn im Schnittpunkt S_o
α_A	Grd	Winkel zwischen Förderbahnwandung und Aussparung
α_L	Grd	Leistenneigungswinkel in Förderrichtung
α_K	Grd	Kippwinkel
β	Grd	Winkel zwischen Bunkerübergabeblech und Austragsband

β_A	Grd	Öffnungswinkel der Aussparung
β_S	Grd	Öffnungswinkel Werkstückschwerpunkt-Auflagefläche
γ	Grd	Bandneigungswinkel
γ_L	Grd	Leistenneigungswinkel
δ	Grd	Bunkerhauptblechwinkel
ε	Grd	Bunkerabschlußblechwinkel
μ_H		Haftreibungszahl
Θ_A	kg mm^4	Massenträgheitsmoment um Drehpunkt A
Θ_S	kg mm^4	Massenträgheitsmoment um den Schwerpunkt
φ	Grd	Drehwinkel
$\dot{\varphi}$	Grd/s	Winkelgeschwindigkeit
$\ddot{\varphi}$	Grd/s^2	Winkelbeschleunigung
φ_o	Grd	Drehwinkel zur Zeit t_o

1 Einleitung

1.1 Problemstellung und Zielsetzung

Der gegenwärtige Entwicklungstrend in der Produktionstechnik zielt auf eine Weiterentwicklung der Automatisierungstechnik, um die Anpassungsfähigkeit der Produktionsmittel an eine sich ständig ändernde Produktion zu erhöhen. Dies bedeutet, daß die Rationalisierungsreserven bei der Teilefertigung und Montage von kleinen und mittleren Serien durch eine weitgehende Automatisierung erschlossen werden sollen. Hierbei kommt der automatischen Werkstückhandhabung eine bedeutende Rolle zu. Sie hat im Gegensatz zu den Fertigungsmitteln, deren Arbeitsablauf in zunehmendem Maße automatisiert wurde, einen vergleichsweise geringen Automatisierungsgrad. Die Gründe hierfür sind vor allen Dingen in der mangelnden Flexibilität, und in der ungenügenden Verkettungsfähigkeit der zur Automatisierung der Werkstückhandhabung notwendigen Handhabungseinrichtungen, zu suchen. Mit der Entwicklung programmierbarer Handhabungsgeräte (PHG), die häufig als Industrieroboter bezeichnet werden /1/, ist es gelungen, die Handhabung auch in der Klein- und Mittelserienfertigung zu automatisieren, aber meist nur dort, wo das Problem "Ordnen" nicht auftrat.

Nach einer Untersuchung von HERRMANN /2/, in der 915 Arbeitsplätze aus nahezu allen Fertigungsbereichen in der Teilefertigung hinsichtlich ihren Anforderungen an ein flexibles Handhabungssystem untersucht wurden, stellte sich heraus, daß bei ca. 88% der analysierten Arbeitsplätze das Problem "Ordnen" gelöst werden muß, damit eine Automatisierung dieser Arbeitsplätze möglich ist. Eine genauere Aufschlüsselung der Ordnungsprobleme zeigte, daß in ca. 64% der Fälle die Werkstücke aus einem völlig ungeordneten Zustand in eine definierte Position und Orientierung gebracht werden müssen.

Ziel dieser Arbeit ist es, einmal den funktionalen Zusammenhang zwischen Werkstück, Ordnungsaufgabe und Ordnungselement aufzuzeigen, zum anderen systematisch Lösungen für die verschiedenen Baugruppen eines flexiblen Ordnungssystems zu entwickeln. Für ein definiertes Werkstückspektrum soll ein solches Ordnungssystem aufgebaut und getestet werden.

1.2 Vorgehensweise

Grundlage für die systematische Lösung von Ordnungsproblemen ist die Kenntnis des Zusammenhangs zwischen der Ordnungsaufgabe, dem Werkstück und dem Ordnungselement als wichtigste Baugruppe eines Ordnungssystems. Dazu sind in einem ersten Schritt die Art, die Anzahl und die Reihenfolge der möglichen Ordnungsschritte zu analysieren. Im zweiten Schritt sind die Eigenschaften und das Verhalten eines Werkstückes zu untersuchen und die ordnungsrelevanten Werkstückparameter herauszuarbeiten. Im dritten Schritt sind die verschiedenen Baugruppen eines Ordnungssystems zu untersuchen, wobei der Schwerpunkt auf die Analyse der Ordnungselemente zu legen ist. Die Synthese dieser Einflußgrößen soll auf eine Zuordnungsmatrix zwischen Ordnungsaufgabe, Werkstückmerkmal und Ordnungselement führen.
Aus den in dieser Zuordnungsmatrix zusammengefaßten Ordnungselementen sind Standardelemente abzuleiten, mit denen nahezu alle Ordnungsprobleme gelöst werden können. Sie sollen die Grundlage für die Entwicklung flexibler Ordnungselemente und für die Berechnung ihrer Einstellparameter bilden.
Anschließend ist eine wertanalytische Betrachtung der flexibilitätsbestimmenden Baugruppen derartiger Systeme durchzuführen, um die für den Einsatz flexibler Ordnungselemente geeignetsten Versuchsträger zu bestimmen.
Ausgehend von den ordnungsrelevanten Werkstückmerkmalen und den aufgestellten Ordnungsaufgaben und unter Beachtung gerätetechnischer Randbedingungen sind Pflichtenhefte für die Baugruppen eines flexiblen Ordnungssystems aufzustellen und alternative konstruktive Lösungen zu entwickeln.
An einem Praxisbeispiel sollen die Funktionsfähigkeit zweier alternativer Systemlösungen gezeigt und die entwickelten flexiblen Baugruppen erprobt werden. Hierbei sollen insbesondere die Gültigkeit der theoretisch ermittelten Einstellparameter der flexiblen Ordnungselemente überprüft und die sich hieraus ergebenden neuen Anwendungsmöglichkeiten aufgezeigt werden.

2 Ausgangssituation

2.1 Begriffe und Definitionen

2.1.1 Handhaben

Handhaben ist neben dem Fördern und dem Lagern eine der drei Teilfunktionen des Materialflusses. Es beinhaltet nach /3/ das Schaffen, definierte Verändern oder vorübergehende Aufrechterhalten einer räumlichen Ordnung von geometrisch bestimmten Körpern.
Es können weitere Bedingungen wie z.B. Zeit, Menge und Bewegungsbahn vorgegeben sein.

2.1.2 Handhabungsfunktionen

Die Handhabungsfunktionen und ihre jeweiligen Sinnbilder eignen sich dazu Handhabungsabläufe zu analysieren und sie übersichtlich darzustellen. Außerdem können damit die Funktionen, die eine Handhabungseinrichtung ausführt, qualitativ beschrieben werden.
In Bild 1 sind die Handhabungsfunktionen in vier Funktionsbereiche eingeteilt.

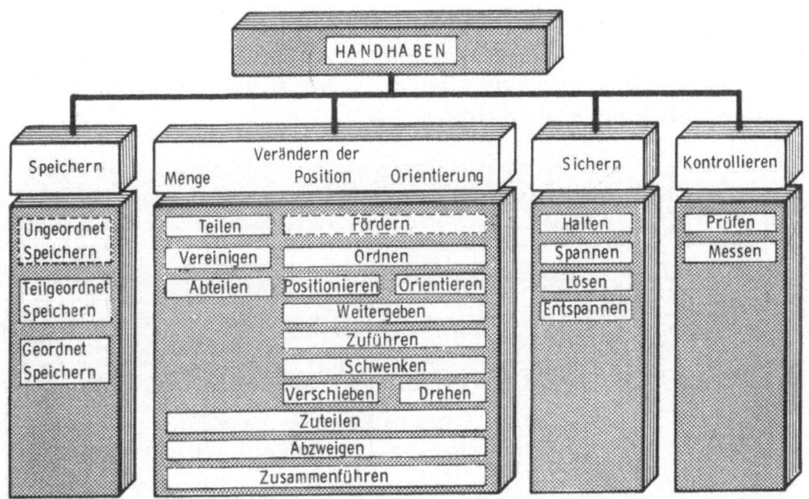

Bild 1: Zusammenstellung der Handhabungsfunktionen.

2.1.3 Abgrenzung der Handhabungsfunktionen

Die in Bild 1 dargestellten, und in /3/ beschriebenen Funktionen erstrecken sich unter anderem auf das gesamte Gebiet der Materialflußtechnik, nehmen aber den Charakter von Handhabungsfunktionen an, wenn sie sich auf geometrisch bestimmte Körper beziehen, und die Funktion unter definierten Orientierungsbedingungen ausgeführt wird. Die in Bild 1 besonders gekennzeichneten Funktionen " Ungeordnet Speichern" und "Fördern" erfüllen die letzte Bedingung nicht, und sind deshalb auch keine echten Handhabungsfunktionen. Da sie aber sehr häufig innerhalb eines Handhabungsablaufs auftreten können, sind sie in die Übersicht mit aufgenommen.

2.1.4 Handhabungseinrichtungen

Handhabungseinrichtungen bewirken den Werkstück-, den Werkstoff- und den Werkzeugfluß zu Wirkstellen hin, von Wirkstellen weg und zwischen Wirkstellen. Dabei werden von den Handhabungseinrichtungen alle Funktionen übernommen, die notwendig sind, um das Handhabungsgut in der richtigen Menge, in einer bestimmten Position und Orientierung und zum richtigen Zeitpunkt in die Wirkstellen zu bringen und am Ende der Wirkzeit zu entnehmen, zu speichern oder weiterzuführen.
In Bild 2 sind die Handhabungseinrichtungen, entsprechend ihrer kennzeichnenden Handhabungsfunktion, in drei Hauptgruppen aufgeteilt,zusammengestellt.Dazu sind zu jeder Gruppe beispielhaft einige Gerätelösungen aufgeführt.

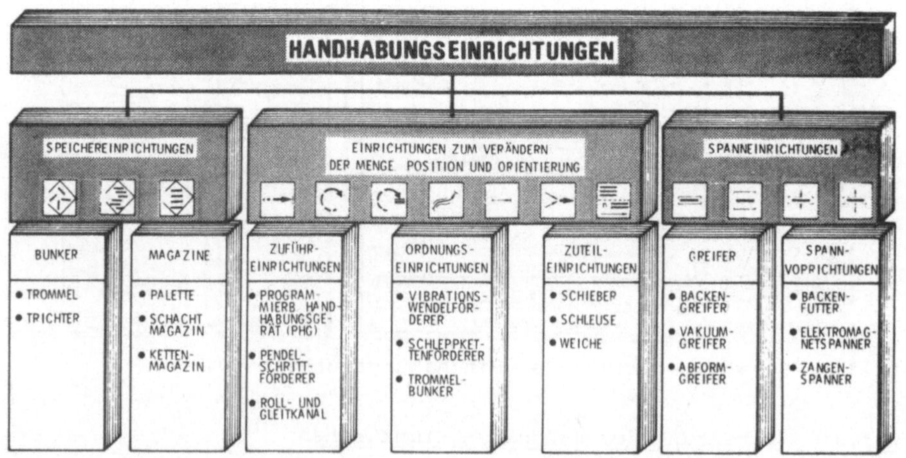

Bild 2: Gliederung der Handhabungseinrichtungen

2.1.5 Flexibilität von Handhabungseinrichtungen

Flexibilität beschreibt allgemein die Fähigkeit, sich wechselnden Situationen anzupassen. Diese ergeben sich in der Fertigungstechnik vorwiegend aus

- o dem Einsatz neuer Fertigungstechnologien
- o Produktänderungen
- o Stückzahländerungen
- o der Varianten- und Typenvielfalt
- o Schwankungen im Personalstand

Das Bestreben, auch die Klein- und Mittelserienfertigung zu automatisieren, erfordert neben der Flexibilität der Planungs- und Informationssysteme auch die der Produktionssysteme.

Für die Handhabungseinrichtungen bedeutet dies, daß sie sich zum einen

- an unterschiedliche Werkstücktypen (z.B. in Form, Abmessungen, Masse)

zum anderen

- an unterschiedliche bzw. sich ändernden Handhabungsaufgaben anpassen lassen.

Die Flexibilität ist um so höher zu bewerten, je einfacher sich die Handhabungseinrichtung auf wechselnde Anforderungen einstellen läßt.

2.2 Ordnungseinrichtungen

2.2.1 Funktionsbeschreibung

Ordnungseinrichtungen sind wichtige Bestandteile eines Handhabungssystems. Sie sind die Bindeglieder zwischen dem innerbetrieblichen Fördersystem und einem PHG bzw. dem Fertigungsmittel. Sie haben die Aufgabe, das in einem Bunker ungeordnet angelieferte Handhabungsgut aus diesem auszutragen, zu ordnen und zuzuteilen, d.h. das Handhabungsgut in der richtigen Menge, in einer definierten Position und Orientierung und zum richtigen Zeitpunkt bereitzustellen.

In Bild 3 sind die sechs Baugruppen eines Ordnungssystems dargestellt, und ihre Funktion kurz beschrieben.

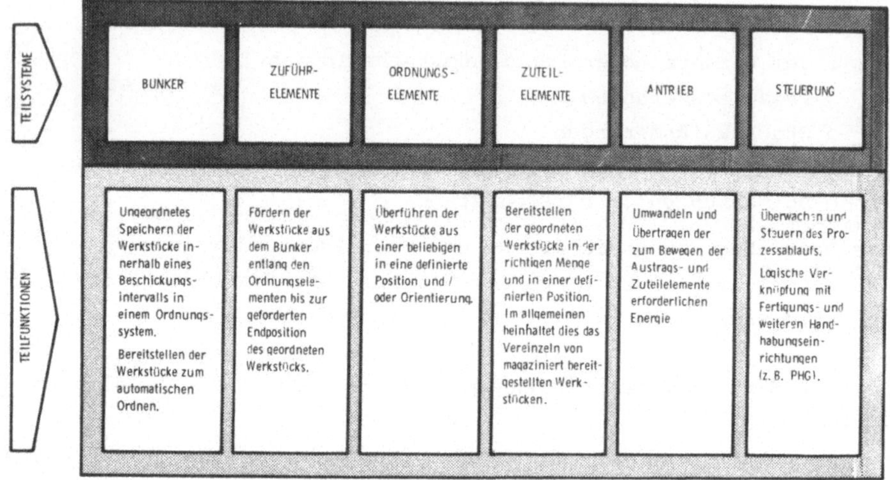

Bild 3: Teilsysteme eines Ordnungssystems

2.2.2 Ausführungsformen konventioneller Ordnungseinrichtungen

Aus der Literatur /4,5,6/ sind sehr viele unterschiedliche Prinziplösungen für Ordnungseinrichtungen bekannt. Aber nur wenige dieser Prinzipien sind bzw. werden auch realisiert.
Dies liegt zum einen daran, daß die einzelnen Lösungen nur für ein ganz spezielles Werkstück und/oder für eine spezielle Ordnungsaufgabe eingesetzt werden können, zum anderen handelt es sich um konstruktiv sehr aufwendige Lösungen, die nicht wirtschaftlich sind.
In Bild 4a und b sind die am häufigsten eingesetzten Ordnungseinrichtungen zusammengestellt, und anhand ihrer Geräte- und Werkstückkenngrößen beschrieben /7/.

FUNKTIONSPRINZIP	FUNKTIONSBESCHREIBUNG	GERÄTEKENNGRÖSSEN				WERKSTÜCKKENNGRÖSSEN				
		Antrieb	Steuerung	Umrüstbarkeit	Ausführung	Verhaltenstyp	Maximale Abmessung	Maximale Masse	Ruhe- und Förderverhalten	Physikalische Eigenschaften
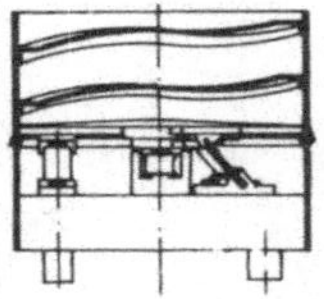 Vibrationswendelförderer	Ein mit einer Wendel versehener Fördertopf wird über ein geeignetes Antriebssystem zu sinusförmigen Schwingungen angeregt. Dadurch werden die im Fördertopf und die auf der Förderwendel liegenden Werkstücke in eine Microwurfbewegung versetzt, aus dem Topf ausgetragen und gleichzeitig durch entsprechende Ordnungselemente, geordnet.	elektromagnetisch pneumatisch	elektrisch, abhängig von nachgeschalteten Handhabungseinrichtungen bzw. Fertigungsmitteln.	nicht auf andere Werkstücke umrüstbar.	Vibrationswendelförderer mit zylindrischem oder konischem Fördertopf. Außenwendelförderer	alle, außer Wirr-, Kugel- und Langteile	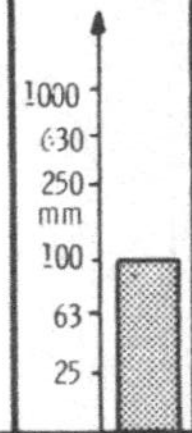 1000, 630, 250 mm, 100, 63, 25	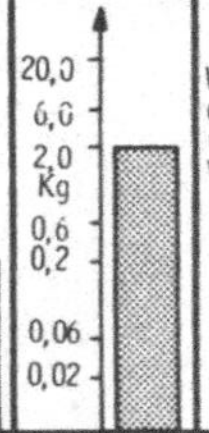 20,0, 6,0, 2,0 Kg, 0,6, 0,2, 0,06, 0,02	Werkstücke dürfen sich nicht verhaken	nicht oberflächen- und bruchempfindlich
Trommelbunker 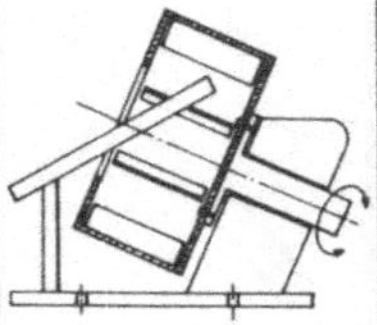	Die in einem Trommelbunker ungeordnet gespeicherten Werkstücke werden durch die Drehbewegung der Trommel in geeigneten Mitnehmern, die an deren Innenwand angebracht sind aus dem Werkstückvorrat ausgetragen und unter Schwerkraft einer in die Trommel hineinragenden Austragsschiene zugeführt.	elektromotorisch	elektrisch, abhängig von nachgeschalteten Handhabungseinrichtungen bzw. Fertigungsmitteln.	begrenzt für einen Werkstücktyp mit unterschiedlichen Abmessungen umrüstbar.	Trommelbunker mit horizontaler, vertikaler oder geneigter Drehachse.	Flachteile, Zylinderteile, Blockteile, Pilzteile, zusammengesetzte Formteile, Kugelteile	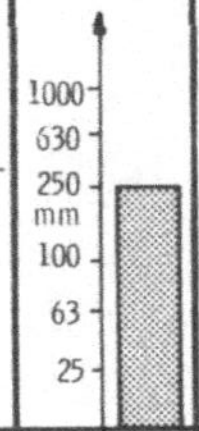 1000, 630, 250 mm, 100, 63, 25	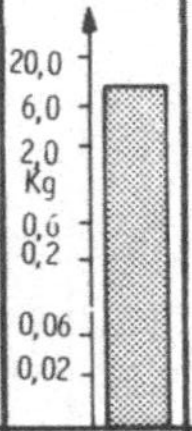 20,0, 6,0, 2,0 Kg, 0,6, 0,2, 0,06, 0,02	Werkstücke dürfen sich nicht verhaken	nicht oberflächen- und bruchempfindlich
Drehtellerbunker 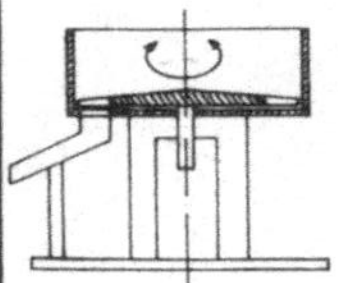	In einem feststehenden Trommelbunker werden die ungeordnet gespeicherten Werkstücke durch formschlüssige Mitnahme oder durch die Zentrifugalkraft eines rotierenden Drehtellers einer Austragsrinne zugeführt.	elektromotorisch	elektrisch, abhängig von nachgeschalteten Handhabungseinrichtungen bzw. Fertigungsmitteln.	nicht auf verschiedene Werkstücke umrüstbar.	Der Drehteller wird als Kegelteller oder als werkstückangepasstes Zellenrad ausgeführt. Drehachse vertikal oder geneigt.	Flachteile, Zylinderteile, Blockteile, Kugelteile	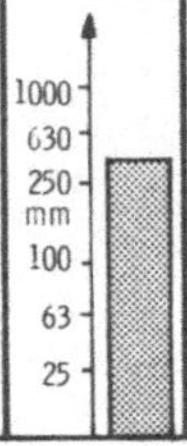 1000, 630, 250 mm, 100, 63, 25	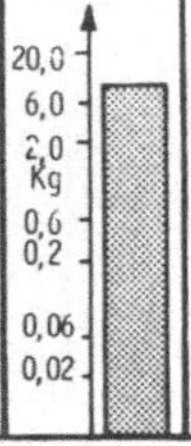 20,0, 6,0, 2,0 Kg, 0,6, 0,2, 0,06, 0,02	Werkstücke müssen ausgeprägte Vorzugslagen aufweisen	nicht oberflächen- und bruchempfindlich

Bild 4a: Zusammenstellung der wichtigsten konventionellen Ordnungseinrichtungen

FUNKTIONSPRINZIP	FUNKTIONSBESCHREIBUNG	GERÄTEKENNGRÖSSEN				WERKSTÜCKKENNGRÖSSEN				
		Antrieb	Steuerung	Umrüstbarkeit	Ausführung	Verhaltenstyp	Maximale Abmessung	Maximale Masse	Ruhe- und Förder.-verhalten	Physikalische Eigenschaften
Schöpfradbunker 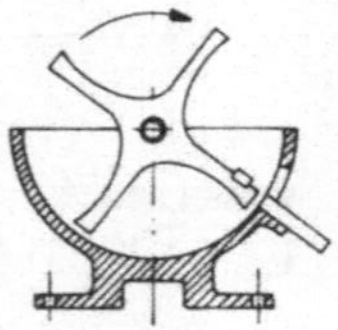	Die im Bunker ungeordnet gespeicherten Werkstücke werden mit einem sich kontinuierlich drehenden Schöpfrad, das mit geeigneten Werkstückaufnahmen versehen ist, ausgetragen und teilgeordnet auf eine Austragsschiene übergeben. Das Schöpfrad taucht dabei kontinuierlich in den Werkstückvorrat ein.	elektromotorisch	elektrisch, abhängig von nachgeschalteten Handhabungseinrichtungen bzw. Fertigungsmitteln.	nicht auf verschiedene Werkstücke umrüstbar	Das Schöpfrad wird werkstückangepaßt als Segmentspitzen-, Hakenrad oder Magnetrotor ausgeführt.	Flachteile, Hohlteile, Pilzteile	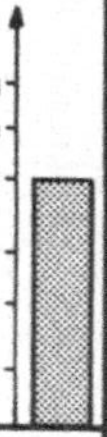 1000 / 630 / 250 mm / 100 / 63 / 25	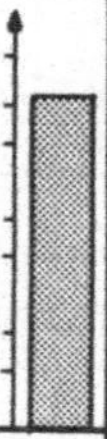 20,0 / 6,0 / 2,0 Kg / 0,6 / 0,2 / 0,06 / 0,02	Werkstücke müssen hängefähig sein.	nicht oberflächen- und bruchempfindlich magnetisch
Schleppkettenförderer 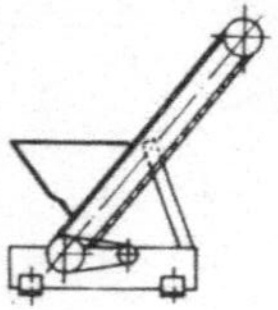	Mit einem umlaufenden Förderband, das mit geeigneten Mitnehmern ausgerüstet ist, werden die im Bunker ungeordnet gespeicherten Werkstücke ausgetragen und teilgeordnet in eine Austragsrinne übergeben.	elektromotorisch	elektrisch, elektropneumatisch, abhängig von nachgeschalteten Handhabungseinrichtungen bzw. Fertigungsmitteln.	nur begrenzt auf andere Werkstücke durch Austausch der Austragsschiene umrüstbar	Senkrecht o. schräg stehendes Platten- o. Gliederband mit Mitnehmerleisten, Aufnahmedorn oder Magnetband. Werkstückauslauf über-Kopf o. seitlich.	Flachteile, Zylinderteile, Blockteile, Pilzteile, Hohlteile, zusammengesetzte Formteile	 1000 / 630 / 250 mm / 100 / 63 / 25	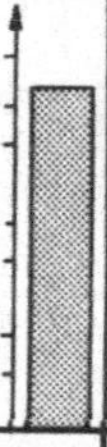 20,0 / 6,0 / 2,0 Kg / 0,6 / 0,2 / 0,06 / 0,02	Werkstücke müssen roll- und gleitfähig sein.	formstabil und nicht oberflächen- und bruchempfindlich
Schöpfsegmentbunker 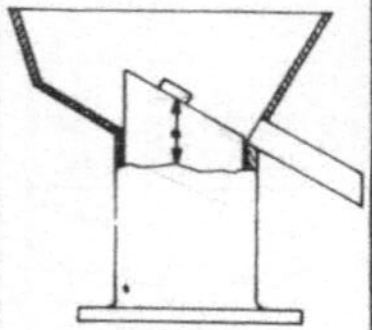	Die im Bunker ungeordnet gespeicherten Werkstücke werden durch alternierende lineare oder kreisförmige Bewegung der Schöpfsegmente aus diesen ausgetragen und teilgeordnet an eine Austragsschiene übergeben.	elektromotorisch pneumatisch	elektrisch, elektropneumatisch, abhängig von nachgeschalteten Handhabungseinrichtungen bzw. Fertigungsmitteln.	nicht auf andere Werkstücke umrüstbar	Schöpfsegmentausführung als Schöpfschwert oder als Hubsegment.	Zylinderteile, Blockteile, Kugelteile	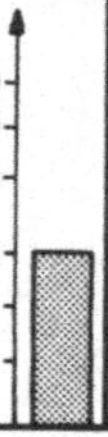 1000 / 630 / 250 mm / 100 / 63 / 25	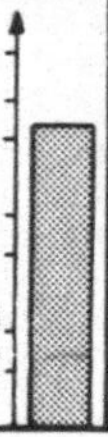 20,0 / 6,0 / 2,0 Kg / 0,6 / 0,2 / 0,06 / 0,02	Werkstücke müssen ausgeprägte Vorzugslagen aufweisen.	nicht oberflächen- und bruchempfindlich

Bild 4b: Zusammenstellung der wichtigsten konventionellen Ordnungseinrichtungen

2.3 Stand der Technik

Die Automatisierung der Werkstückhandhabung beschränkt sich heute weitgehend auf Arbeitsplätze, an denen ständig das gleiche Werkstück, und das meist in hoher Stückzahl, gefertigt wird.
Die dazu erforderlichen Handhabungsgeräte waren stets auf den jeweiligen Einsatzfall hin ausgelegt. In der Klein- und Mittelserienfertigung sind für die Automatisierung von Arbeitsplätzen, an denen häufig wechselnde Werkstücke bearbeitet werden, flexible Handhabungsgeräte erforderlich.
Programmierbare Handhabungsgeräte können alle wichtigen Handhabungsfunktionen außer Speichern, Ordnen und Kontrollieren ausführen. Das bedeutet z.B., daß einem PHG das Handhabungsgut stets geordnet und an einer bestimmten, dem PHG vorgegebenen Position bereitgestellt, oder seine Position und Orientierung über einen Sensor übermittelt werden muß. Die dabei auftretenden Ordnungs-, Zuführ- und Zuteilaufgaben müssen von dafür geeigneten Handhabungseinrichtungen übernommen werden. Die heute auf dem Markt erhältlichen Ordnungseinrichtungen besitzen keine Flexibilität, die mit der eines PHG vergleichbar ist. Speziell für Ordnungs- und Zuteilaufgaben existieren zur Zeit keine Geräte, die auf mehrere verschiedene Werkstücktypen leicht umrüstbar sind. Vereinzelt werden Geräte angeboten, die für einen Werkstückverhaltenstyp mit unterschiedlichen Abmessungen eingesetzt werden können.
Um die Flexibilität von Ordnungseinrichtungen zu erhöhen, versucht man gegenwärtig, Handhabungseinrichtungen mit Sensoren zur Werkstückerkennung zu verbinden. Hierbei sind zwei Entwicklungsrichtungen zu erkennen:

1. Entwicklung von Werkstückerkennungseinrichtungen und ihre Verkettung mit einem PHG.

2. Entwicklung von flexiblen mechanischen Ordnungseinrichtungen unter Einsatz einfacher Sensoren.

Zur Verkettung von Werkstückerkennungseinrichtungen mit einem PHG werden heute überwiegend Fernsehsysteme (2-dimensionale Abbildung) mit Videokameras oder Halbleitermatrixarrays eingesetzt. Hierzu stehen bereits einsatzreife Systeme zur Verfügung /8,9/. Ziel dieser Entwicklungsrichtung ist der sogenannte vollautomatische "Griff in die Kiste", d.h. das definierte Greifen eines in einem Haufwerk ungeordnet gespeicherten Werkstückes. Bei den bisher entwickelten

Lösungen /1o,11,12/ ist eine Erkennung sich überlappender Werkstücke und eine 3-dimensionale Abbildung, als Voraussetzung für den direkten "Griff in die Kiste", jedoch nicht möglich. Das Werkstück muß dem Fernsehsensor vereinzelt und mit eingeschränkter Anzahl der möglichen Orientierungen bereitgestellt werden.
Bei zweistufigen Lösungen /1o,11/ ist zum Vereinzeln und zum Orientieren der Werkstücke ein zweimaliges Zugreifen des PHG's erforderlich. Die dabei erreichbaren Zykluszeiten sind jedoch so groß, daß ein wirtschaftlicher Einsatz dieser Systeme nicht zu erwarten ist.
Die weiteren Forschungsarbeiten liegen daher in der Entwicklung einer schnellen Graubildauswertung /13,14,15,16/ und in der Entwicklung von 3-D-Abbildungssystemen /17,18,19/.

Über die Erhöhung der Flexibilität von mechanischen Ordnungseinrichtungen sind bisher nur wenige Arbeiten bekannt. Zum Ordnen von zylindrischen Werkstücken mit kleinen Formmerkmalen (z.B. angefaster Bolzen) wurde eine Laserlichtschranke, die am Teileauslauf eines konventionellen Vibrationswendelförderers installiert wird, entwickelt /2o/. Über eine von der Lichtschranke gesteuerte Weiche werden dabei die falsch orientierten Werkstücke abgezweigt und in einer zweiten Förderrinne um 18o Grd gedreht. Zum Ordnen von überwiegend 2-dimensionalen Werkstücken wurde eine Sensorzeile mit optischen Sensoren entwickelt, die am Teileauslauf eines konventionellen Schleppkettenförderers installiert ist/21/. Dabei wird die Orientierung der an der Sensorzeile vorbeigleitenden Werkstücke erkannt und falsch orientierte Werkstücke in den Bunker zurückgeworfen.

Beide Entwicklungen haben jedoch nur einen geringen Anwendungsbereich,und das in /21/ beschriebene Gerät besitzt für die meisten Einsatzfälle eine zu geringe Austragsleistung.

3 Problemanalyse

3.1 Einflußfaktoren auf ein Ordnungssystem

Die Entwicklung eines Ordnungssystems wird zum einen von der zu erfüllenden Ordnungsaufgabe, zum anderen von den Merkmalen der zu ordnenden Werkstücke beeinflußt. Darüber hinaus muß das Ordnungsproblem innerhalb des ganzen Produktionsablaufs betrachtet werden. In Bild 5 sind die wichtigsten Einflußgrößen aufgeführt.

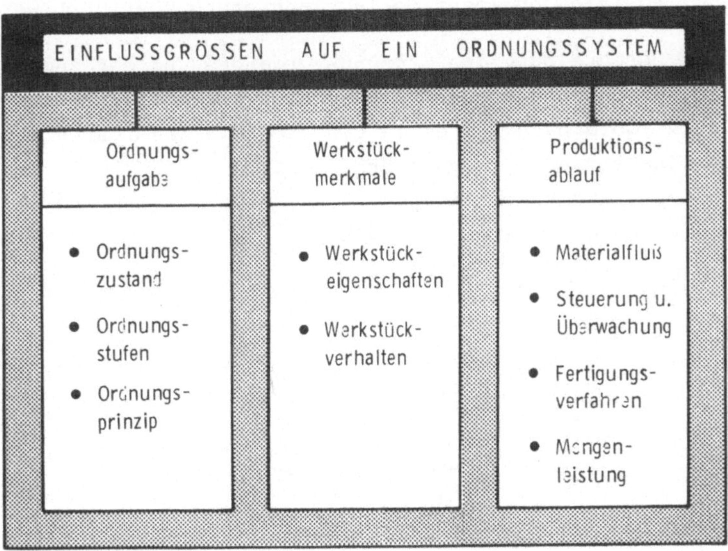

Bild 5: Einflußfaktoren auf ein Ordnungssystem

Im Gegensatz zu den Einflüssen des Produktionsablaufes, die jeweils betriebsspezifisch sind, lassen sich die Einflüsse, die vom Werkstück und von der Ordnungsaufgabe ausgehen, allgemeingültig bestimmen.

3.2 Analyse der Ordnungsaufgabe

3.2.1 Definition der Handhabungsfunktion Ordnen

Unter Ordnen versteht man die Aufgabe gleichartige geometrisch bestimmte Körper, deren Position und/oder Orientierung unbekannt sind, in eine definierte Position und/oder Orientierung zu überführen. Dazu muß die Position und/oder Orientierung des Körpers erkannt und durch translatorische und/oder rotatorische Bewegungen in die Soll-Position und/oder Soll-Orientierung überführt werden.

Zur genauen Beschreibung des Ordnungsvorganges und der zum Ordnen erforderlichen Bewegungen des Körpers sind ein körpereigenes kartesisches Koordinatensystem (u,v,w) und ein raumfestes kartesisches Koordinatensystem (x,y,z) erforderlich (Bild 6).
Als Bezugspunkt des körpereigenen Koordinatensystems wird im allgemeinen der Körperschwerpunkt gewählt.

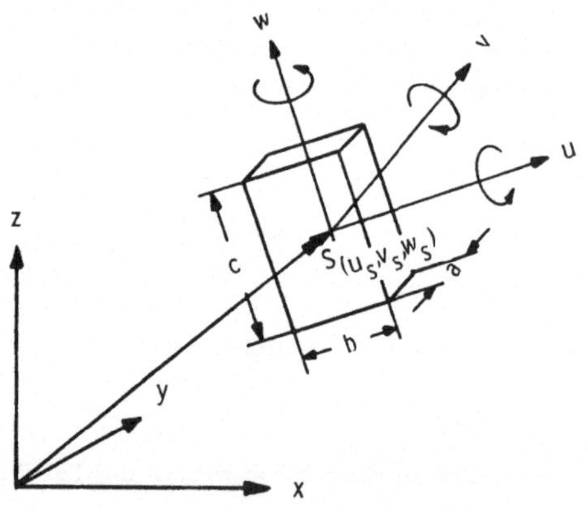

Bild 6: Bezugskoordinatensysteme beim Ordnen

3.2.2 Bestimmung der Ordnungsstufen

Bei einem ungeordneten Körper sind die Positionen in allen drei möglichen translatorischen Bewegungsrichtungen x,y,z und die Orientierung in allen drei möglichen Drehrichtungen um den Körperbezugspunkt S (Bild 6) unbestimmt. Wird die Position oder die Orientierung eines Körpers in mindestens einer möglichen Bewegungsrichtung (Freiheitsgrad) festgelegt, so stellt dies einen Ordnungsvorgang dar. Bei einem vollkommen geordneten Körper sind demnach die Position und die Orientierung in allen sechs Freiheitsgraden bestimmt, oder (z.B. bei rotationssymmetrischen Körpern) in den Freiheitsgraden, die ordnungsrelevant sind.
Der Ordnungszustand eines Körpers läßt sich durch seinen Ordnungsgrad (Og) anhand der bereits bestimmten translatorischen und rotatorischen Freiheitsgrade beschreiben. Der Ordnungsgrad setzt sich folgendermaßen zusammen:

$$Og_{ij} = Og_{Ti} \cdot Og_{Rj} \quad (\text{ mit } i,j = 0,1,2,3 \text{ })$$

Ein ungeordneter Körper besitzt z.B. den Og 0.0 ein vollkommen geordneter Körper den Og 3.3.
In Bild 7 sind die möglichen Ordnungszustände (Og_{ij}), die ein Körper einnehmen kann, in einer matrixförmigen Darstellung aufgezeigt.

	Werkstück-Rotation Og_R →				
Werkstück-Translation Og_T ↓	Og 0.0	Og 0.1	Og 0.2	Og 0.3	Haufwerk
	Og 1.0	Og 1.1	Og 1.2	Og 1.3	flächige Verteilung
	Og 2.0	Og 2.1	Og 2.2	Og 2.3	linienförmige Verteilung
	Og 3.0	Og 3.1	Og 3.2	Og 3.3	vereinzelt
	3 Drehfreiheitsgrade unbestimmt	1 Drehfreiheitsgrad bestimmt	2 Drehfreiheitsgrade bestimmt	3 Drehfreiheitsgrade bestimmt	Zustand des Werkstückverbands / Werkstückorientierung

Bild 7: Ordnungszustandsmatrix

Mit Hilfe dieser Ordnungszustandsmatrix lassen sich die einzelnen Ordnungsschritte einer komplexen Ordnungsaufgabe eindeutig bestimmen. Darüber hinaus kann mit dieser Schreibweise jedem Ordnungselement eine Ordnungsfunktion zugeordnet werden.

3.2.3 Ordnungsprinzipien

3.2.3.1 Auswahlprinzip

Beim Ordnen nach dem Auswahlprinzip werden nur die Werkstücke von einem Ordnungselement bzw. von der Ordnungseinrichtung angenommen, die bereits in der Soll-Position und/oder Soll-Orientierung vorliegen. Alle anderen Werkstücke werden abgewiesen und in den Werkstückvorrat wieder zurückgeführt.

3.2.3.2 Zwangsprinzip

Beim Ordnen nach dem Zwangsprinzip werden die Werkstücke, die bereits in der Soll-Position und/oder Soll-Orientierung sind von dem Ordnungselement bzw. der Ordnungseinrichtung angenommen.Diejenigen Werkstücke, deren Ist-Werte nicht mit den Soll-Werten übereinstimmen, werden zwangsweise durch das Ordnungselement bzw. die Ordnungseinrichtung in die Soll-Position und/oder Soll-Orientierung überführt.
Welches der beiden Prinzipien angewandt werden kann, hängt wesentlich von der geforderten Mengenleistung und von den ordnungsrelevanten Werkstückmerkmalen ab.

3.3 Analyse der ordnungsrelevanten Werkstückmerkmale

Um verallgemeinerbare Aussagen über bestimmte Werkstückeigenschaften und über ein bestimmtes Werkstückverhalten machen zu können, muß versucht werden, aus der unendlichen Werkstückvielfalt charakteristische, für die Handhabung und speziell für die Auslegung von Ordnungssystemen relevante Merkmale auszusuchen. Auf der Grundlage der Werkstückklassifizierung von FRANK /22/ sind die in Bild 8 dargestellten Werkstückmerkmale zusammengestellt. Darin wird unterschieden zwischen den Werkstückeigenschaften und dem Werkstückverhalten. Das Werkstückverhalten ist dabei die Summe der aufeinanderfolgenden Zustände eines oder mehrerer Werkstücke, die durch äußere Kräfte (z.B. Schwerkraft) hervorgerufen werden, wobei die Eigenschaften des Einzelwerkstückes und des Werkstückverbandes einen entscheidenden Einfluß haben.

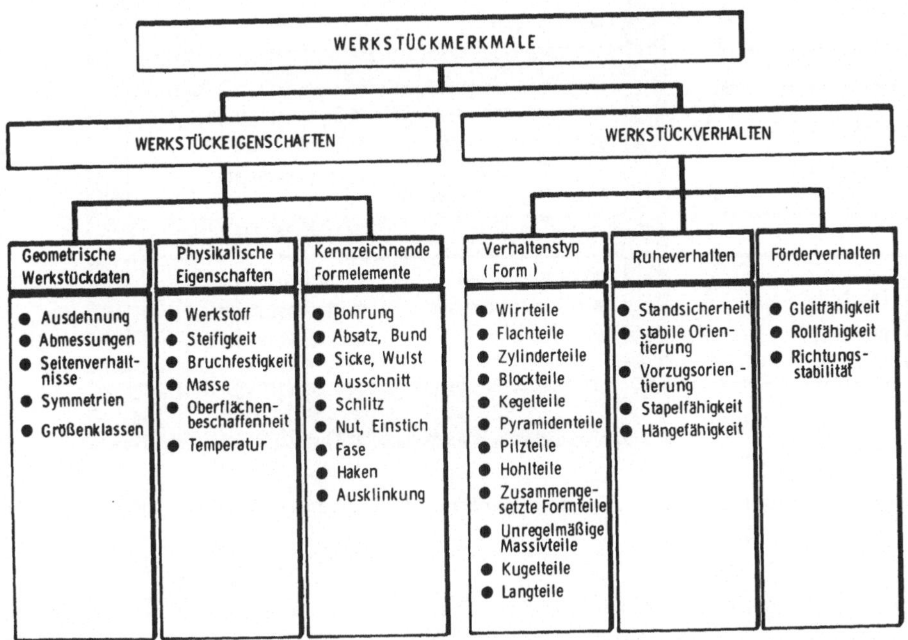

Bild 8: Zusammenstellung von Werkstückmerkmalen

In Bild 9 sind die für das Ordnen wichtigsten Werkstückeinflußgrößen zusammengestellt. Die Einflußgrößen auf das automatische Ordnen bestimmen dabei ob ein Werkstück mechanisch in automatischen Einrichtungen zu handhaben ist. Die Einflußfaktoren auf die Ordnungsaufgabe bestimmen die Anzahl und die Reihenfolge der Ordnungsschritte. Bei einem Ordnungselement werden die Ausprägung, die Anzahl und die Reihenfolge, sowie die konstruktive Ausführung beeinflußt.

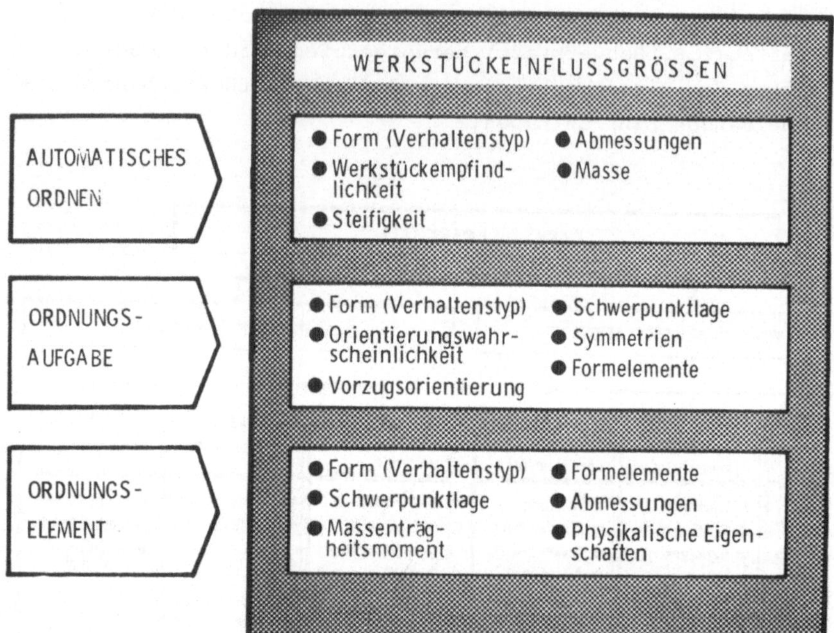

Bild 9: Zusammenstellung der Werkstückeinflußgrößen auf das Ordnen.

Der Einfluß der Werkstückempfindlichkeit auf das Ordnen ist bisher noch nicht untersucht worden, und die theoretische Bestimmung der Orientierungswahrscheinlichkeit und der Vorzugsorientierung erfolgt bisher mit äußerst komplizierten und nur auf einfache Werkstücke anwendbare Verfahren. Um die Orientierungswahrscheinlichkeit auch von komplizierten Werkstücken rechnerisch zu ermitteln, und um abschätzen zu können mit welchem Ordnungssystem ein bestimmtes Werkstück oder Werkstückspektrum geordnet werden kann, ist eine genauere Untersuchung beider Werkstückmerkmale erforderlich.

3.3.1 Werkstückempfindlichkeit

Die Entscheidung ob ein Werkstück automatisch geordnet und zugeführt werden kann, hängt davon ab, welchen Beanspruchungen das Werkstück in einem Ordnungssystem ausgesetzt werden kann /23/. Diese wiederum sind abhängig von der Oberflächen- und Bruchempfindlichkeit des jeweiligen Werkstückes.
Die Ursachen für die mechanische Beanspruchung der Werkstücke lassen sich in vier Kategorien einteilen:

a) Bewegung der Werkstücke im Bunker.
   Hierbei befindet sich der ganze Bunkerinhalt konstant oder periodisch in Bewegung.
b) Gleitende, rollende oder durch Vibration erzwungene Bewegungen der Werkstücke auf den Zuführelementen.
c) Gleitende oder fallende Bewegungen der Werkstücke zwischen Zuführelement und Bunker. Dies betrifft überwiegend falsch orientierte Werkstücke auf den Zuführelementen, die in den Bunker zurückgewiesen werden.
d) Bewegungen der Werkstücke im Bunker an bewegten Zuführelementen.

Die mechanische Beanspruchung eines Werkstückes entsteht durch Reibung und durch Stoß. Die Reibung wird beeinflußt vom Reibungskoeffizient, von der Werkstückform und der Werkstückmasse. Beim Stoß sind die Stoßart, die Oberflächenhärte, der Werkstoff und die Größe des Stoßimpulses von Bedeutung.

In Ordnungseinrichtungen ist die mechanische Beanspruchung der Werkstücke durch auftretende Stöße sehr viel größer als die durch Reibung. Es wurden daher Versuche mit verschiedenen Werkstücken durchgeführt,um die mechanischen Beanspruchungen, die durch Stoß auftreten können, experimentell zu bestimmen. Als Maß dafür, daß ein Werkstück automatisch zugeführt werden kann,gilt, daß die durch den Stoß hervorgerufene Deformation geringer als die zulässigen Rauhtiefen der jeweiligen Oberflächengüte sind.

Für die Versuchsdurchführung wurden die drei ungünstigsten, in Bild 1o gezeigten, Stoßanordnungen ausgewählt.

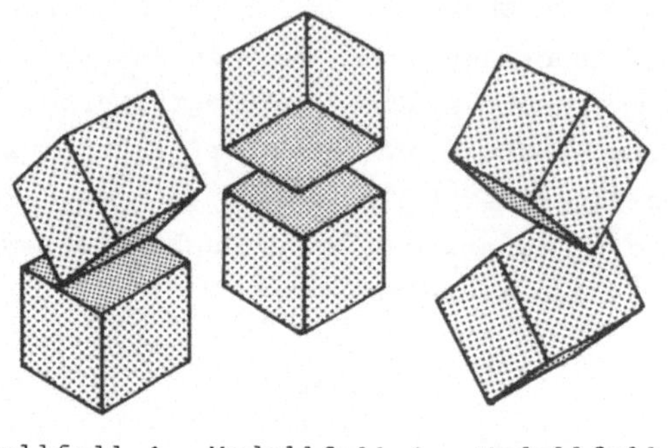

Modellfall 1 Modellfall 2 Modellfall 3

Bild 1o: Stoßanordnungen zur Bestimmung der Werkstückdeformationen

Als Versuchswerkstücke wurden Würfel mit 3o mm Kantenlänge aus verschiedenen Materialien und mit verschiedenen Oberflächenhärten eingesetzt. Ihre Oberflächen waren geschliffen.

Als Versuchseinrichtung diente eine auf einem x-y-Tisch installierte und eine in der z-Achse bewegliche Werkstückspannvorrichtung. Die Spannvorrichtung wurde so gebaut, daß die Werkstücke in den in Bild 1o dargestellten Orientierungen gespannt werden konnten. Die Versuche wurden für die nach /22/ am häufigsten vorkommenden Werkstoffe durchgeführt. Die Fallhöhe wurde dabei schrittweise (5o mm/Schritt) zwischen 1oo mm und 5oo mm variiert. Gleichzeitig konnte die Werkstückmasse durch Auflegen von Zusatzmassen verändert werden.
Die Versuchsergebnisse sind für das jeweils am stärksten deformierte Werkstück in Bild 11 aufgetragen. Hierin sind die mit einem Tastschnittgerät ausgemessenen Tiefen der beim Stoß entstandenen Werkstückbeschädigungen über dem Produkt "Masse x Fallhöhe" aufgetragen. Um abschätzen zu können welche Fallhöhe für eine bestimmte Werkstückmasse und für einen bestimmten Bearbeitungszustand zugelassen werden kann, sind zum Vergleich die mittleren Rauhtiefen der wichtigsten Bearbeitungsverfahren in das Diagramm eingetragen.

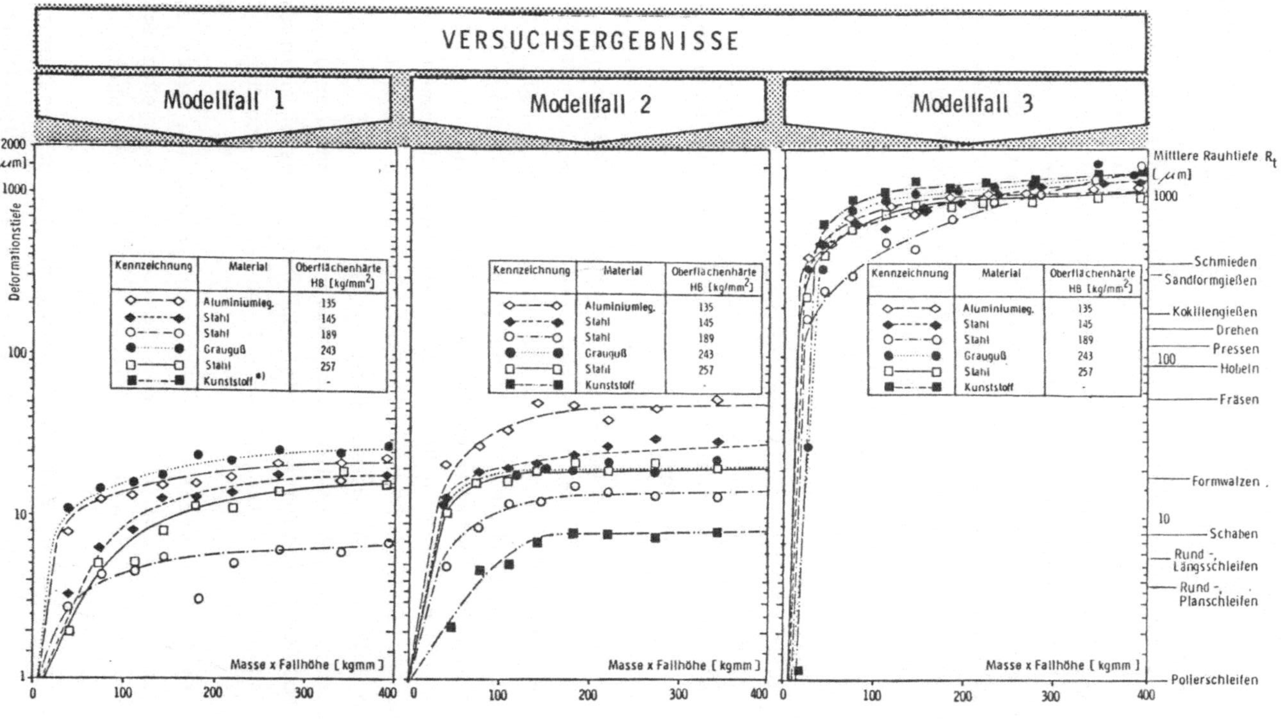

<u>Bild 11:</u> Versuchsergebnisse zur Bestimmung der zulässigen Fallhöhe für verschiedene Werkstoffe und verschiedene Fallhöhen

3.3.2 Orientierungswahrscheinlichkeit

Hierunter ist die Häufigkeitsverteilung der stabilen Orientierungen zu verstehen, die ein Werkstück aufgrund seiner Geometrie und seiner Massenverteilung einnehmen kann, wenn es ungehindert unter Schwerkrafteinfluß auf eine ebene Fläche fällt. Die Ausgangsorientierung ist dabei beliebig. Diese Häufigkeitsverteilung bestimmt überwiegend das Ordnungsprinzip und die Anordnung der Ordnungselemente. Je geringer die Anzahl der möglichen stabilen Orientierungen ist,die ein Werkstück einnehmen kann, bzw. je größer die Wahrscheinlichkeit ist, daß das Werkstück nur wenige Orientierungen einnimmt, umso einfacher ist die Ordnungsaufgabe. Die Orientierung,die am häufigsten auftritt, wird im allgemeinen als Vorzugsorientierung bezeichnet.

Experimentell läßt sich die Häufigkeitsverteilung möglicher stabiler Werkstückorientierungen einfach mit Fallversuchen einer großen Anzahl von Werkstücken auf eine ebene Fläche durch Auszählen der stabilen Werkstückorientierungen bestimmen.
Mit der theoretischen Bestimmung haben sich schon FRANK /22/, GROH /24/ und BOOTHROYD /25/ befaßt. Am ausführlichsten beschäftigte sich BOOTHROYD mit dem Problem. Neben einer "statischen Lösung", in der die Geometrie und die Schwerpunktlage eines Werkstückes berücksichtigt werden, entwickelte er eine "dynamische Lösung", indem er die Energie, die notwendig ist um ein Werkstück von einer Orientierung in eine andere zu überführen, in einen Zusammenhang mit der Wahrscheinlichkeit brachte, die ein Werkstück besitzt,um eine bestimmte Orientierung einzunehmen.
Für unsymmetrische Werkstücke bzw. für solche die nicht der Idealform der von BOOTHROYD benutzten Werkstücke entsprechen, ist diese "dynamische Lösung" ohne weitere Einschränkungen bzw. Annahmen nicht mehr anwendbar.
Es wird daher in dieser Arbeit eine allgemein anwendbare Berechnungsmethode vorgestellt, die für alle Werkstückformen ohne zusätzliche Annahmen anwendbar ist, um die Orientierungswahrscheinlichkeit P_i eines Werkstückes zu bestimmen.
Einfache experimentelle Untersuchungen zeigten, daß ein bestimmtes Werkstück immer das Bestreben hat, diejenige stabile Orientierung einzunehmen, bei der sein Massenträgheitsmoment in Bezug auf die jeweilige Auflagefläche am kleinsten ist.

Dies bedeutet, daß das Werkstück in dieser Orientierung eine hohe Orientierungswahrscheinlichkeit P_i besitzt. Die stabilen Orientierungen des Werkstückes, die weniger häufig auftreten, weisen dabei immer ein höheres Massenträgheitsmoment bezüglich ihrer Auflageflächen auf.

Dieser Sachverhalt läßt folgende Annahme zu:

Die Orientierungswahrscheinlichkeit P_i eines Werkstückes in einer bestimmten Orientierung ist umgekehrt proportional zum planaren Massenträgheitsmoment Θ in Bezug auf seine Auflagefläche in dieser Orientierung.

Es gilt: $P_i \sim \frac{1}{\Theta_{planar_i}}$ und $\sum_{i=1}^{n} P_i = 1$

(i = Anzahl der stabilen Orientierungen eines Werkstückes)

Für das planare Massenträgheitsmoment gilt, bezogen auf die x,y, die y,z - bzw. die z, x-Ebene:

$$\Theta_{x,y} = \int z^2 \, dm \quad ; \quad \Theta_{y,z} = \int x^2 \, dm \quad ; \quad \Theta_{z,x} = \int y^2 \, dm$$

Hieraus folgt für ein

prismatisches Werkstück (vergl. Bild 12)

$$\frac{P_A}{P_B} = \frac{\Theta_{y,z}}{\Theta_{x,y}}$$

$$\frac{P_A}{P_C} = \frac{\Theta_{z,x}}{\Theta_{x,y}}$$

$$P_A + P_B + P_C = 1$$

zylindrisches Werkstück (vergl. Bild 13)

$$\frac{P_M}{P_S} = \frac{\Theta_{x,y}}{\Theta_{z,x}}$$

$$P_M + P_S = 1$$

In Bild 12 und Bild 13 sind die mit Θplanar berechneten Orientierungswahrscheinlichkeiten eines prismatischen und eines zylindrischen Werkstückes eingetragen und mit den von BOOTHROYD berechneten Werten verglichen.

Sie liegen meist zwischen den Werten der statischen und der dynamischen Lösung. Die Genauigkeit (d.h. die zusätzliche Abweichung von den experimentell ermittelten Werten) ist für die Lösung des Ordnungsproblems vollkommen ausreichend.

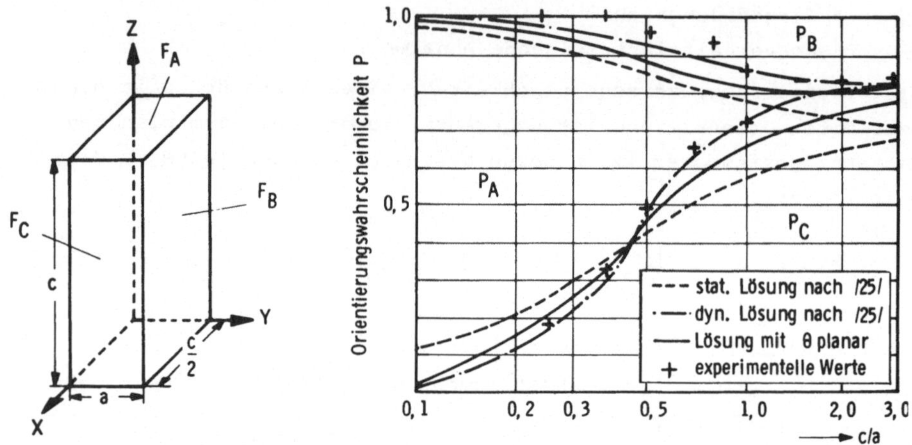

Bild 12: Bestimmung der Orientierungswahrscheinlichkeiten eines prismatischen Werkstückes

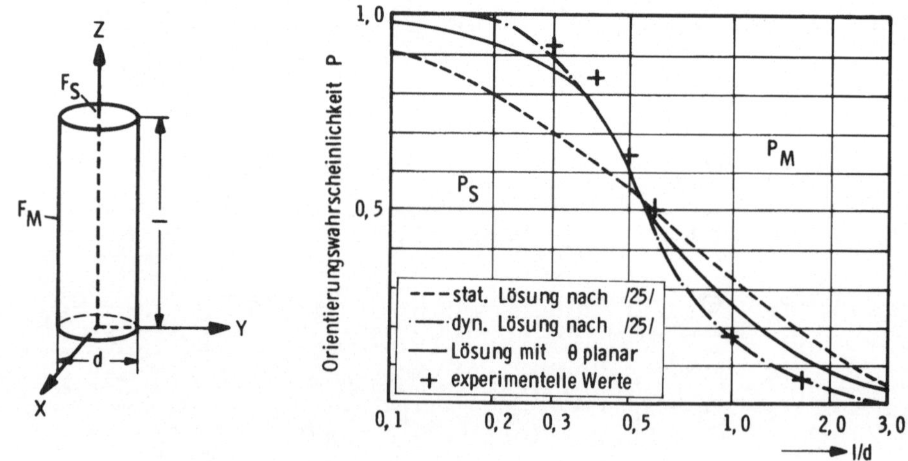

Bild 13: Bestimmung der Orientierungswahrscheinlichkeiten eines zylindrischen Werkstückes

Der Vergleich mit bereits bestehenden Verfahren und eine stichprobenartige Überprüfung der experimentell und rechnerisch ermittelten Orientierungswahrscheinlichkeiten von beliebigen Werkstücken bestätigte, daß die getroffene Annahme gültig ist.

3.4 Analyse der flexibilitätsbestimmenden Baugruppen eines Ordnungssystems.

3.4.1 Bunker

Der Bunker dient zum ungeordneten Speichern von Werkstücken, die über geeignete Austragselemente den Ordnungselementen zugeführt werden. Der Übergang zwischen dem Bunker und den Austragselementen ist bei einer Flexibilitätserhöhung von besonderer Wichtigkeit. In Bild 14 sind daher für stillstehende und bewegte Bunker die Möglichkeiten eines Werkstückaustrages aufgezeigt und entsprechende Funktionsträger zugeordnet worden.

Ausführungsformen	Feststehende Bunker				Bewegte Bunker	
		mit Ausfallöffnung	mit bewegten Austragselementen		mit feststehenden Austragselementen	mit bewegten Austragselementen
Bunkerentleerung	manuell von oben	durch Schwerkraft über Klappenöffnung	umlaufende Austragselemente	pendelnd bewegte Austragselemente	Schwerkraftrinne	Kraftimpuls o. Schwerkraft
Funktionsträger	Gitterkorb	Behälter mit senkrechten o. konischen Wänden	Bunker mit Ketten oder Bänder	Trichter mit Hubrohr	Trichter	zylindrischer o. konischer Schwingtopf
	Trommel	Trichter	Bunker mit Scheiben o. Räder	Bunker mit Hubschieber	Trommel	Trommel mit pendelnder Schwerkraftrinne
					Schale	

Bild 14: Ausführungsformen von Bunkern mit unterschiedlichem Werkstückaustrag

3.4.2 Zuführelemente

Die Zuführelemente bilden ein durch das gesamte Ordnungssystem gehendes Teilsystem. Sie beeinflussen daher auch weitgehend die Gestaltung der anderen Teilsysteme. In Bild 15 sind häufig eingesetzte Funktionselemente entsprechend ihrer Bewegungsursache und ihrer Bewegungsrichtung dargestellt.

	Bewegungsrichtung	BEWEGUNGSURSACHE		
		Schwerkraft	Antrieb	
			kontinuierlich	alternierend
FUNKTIONSELEMENTE	geradlinig	Schiene Rinne	Mitnehmerkette Luftstrahl	Hubschieber Schwingrinne Schwingschiene
	kreisförmig		Zellenrad Flügelrad Kegelteller Schnecke	Schöpfsegment
	räumlich			Schwingwendel Schwingspirale

Bild 15: Ausführungsformen von Zuführelementen

3.4.3 Ordnungselemente

Die Ordnungselemente lassen sich nach den Ordnungsprinzipien (vgl. Kap. 3.2) in zwei Gruppen unterteilen (Bild 16).

ORDNUNGSELEMENTE			
Ordnungsprinzip		Auswahlprinzip	Zwangsprinzip
FUNKTIONEN DES ORDNUNGSELEMENTS	passives Ordnungselement	Erkennen der Orientierung mit gleichzeitigem Verzweigen	Erkennen der Orientierung mit gleichzeitigem Orientieren
	aktives Ordnungselement	Erkennen der Orientierung	Erkennen der Position/Orientierung
		Signalumwandlung	Signalumwandlung
		Verzweigen	Positionieren/Orientieren

Bild 16: Funktionale Gliederung von Ordnungselementen

Passive Ordnungselemente werden auf eine bestimmte Ordnungsaufgabe und auf bestimmte Werkstückmerkmale fest eingestellt. Ihre Funktion ist durch entsprechende Berechnungen bzw. Versuche "vorprogrammiert". Aktive Ordnungselemente reagieren aufgrund eines Soll-Ist-Vergleichs, der während des Ordnungsprozesses stattfindet, wobei über eine entsprechende Datenvorgabe z.B. eine Weiche (Auswahlprinzip) oder z.B. ein PHG (Zwangsprinzip) gesteuert wird.

3.4.4 Zuteilelemente

Die Zuteilelemente übernehmen das Bereitstellen von Werkstücken nach dem Ordnen für einen Fertigungs- oder weiteren Handhabungsvorgang. Die Funktion der Zuteilelemente beinhaltet immer eine Veränderung der räumlichen Anordnung eines oder mehrerer Werkstücke unter gleichzeitiger Bewegungsänderung. Die Änderung der räumlichen Anordnung kann durch reine Translation oder reine Rotation oder durch eine allgemeine Bewegung eines Körpers erfolgen. Die Bewegungsänderung erfolgt durch eine positive oder negative Beschleunigung. Die Änderung der Bewegung und der räumlichen Anordnung eines zuzuteilenden Werkstückes erfolgt in Abhängigkeit der am Werkstück angreifenden Kräfte. In Bild 17 sind diese Zusammenhänge zwischen Werkstück und Zuteilelement dargestellt und wichtige Funktionsträger aufgezeigt.

Art der Werkstückbewegung	Schwerkraft			Zwangsbwegung						
Bewegungsrichtung	geradlinig			geradlinig				kreisförmig		beliebig
Bewegung des Zuteilelements	geradlinig	kreisförmig		geradlinig			kreisförmig			beliebig
	alternierend	kontinuierlich	alternierend	kontinuierlich		alternierend	kontinuierlich	kontinuierlich	alternierend	
Wirkprinzip	Kraftschluß	Kraft-u. Formschluß	Kraft-u. Formschluß	Kraftschluß	Kraft-u. Formschluß	Kraft-u. Formschluß	Kraft-u. Formschluß	Formschluß	Formschluß	Kraft-u. Formschluß
Funktionsträger	Sperre	Schleusenrad	Schleuse	Rollen	Band mit Mitnehmer	Schieber	Schnecke	Scheibe	Schieber	Greifer
			Hemmwerk	Bänder	Kette mit Mitnehmer			Teller		
				Luftstrecke				Rad		
								Trommel		

Bild 17: Ausführungsformen von Zuteilelementen

3.4.5 Antrieb

In Bild 18 sind die möglichen Antriebsarten für die einzelnen Teilsysteme eines Ordnungssystems zusammengestellt. Hieraus ist zu sehen, daß unterschiedliche Antriebe innerhalb eines Ordnungssystems eingesetzt werden können. Ist kein Antrieb vorhanden, so erfolgt eine erforderliche Werkstückbewegung durch Schwerkraft.

Teilsysteme / Antriebsart	Bunker	Zuführ-elemente	Ordnungs-elemente	Zuteil-elemente
kein Antrieb	●	●	●	
pneumatisch	●		●	●
hydraulisch				●
elektromagnetisch	●	●	●	●
elektromotorisch	●	●	●	●

Bild 18: Wichtigste Antriebsarten für die Teilsysteme eines Ordnungssystems

3.4.6 Steuerung

Die Steuerung einer Ordnungseinrichtung, die mit passiven Ordnungselementen ausgerüstet ist, ist abhängig von dem Fertigungs- bzw. Montagesystem in das sie integriert ist. Hierüber lassen sich im allgemeinen keine ordnungsgerätespezifischen Aussagen machen. Im Gegensatz dazu muß die Steuerung beim Einsatz von aktiven Ordnungselementen in der Lage sein, die von einem Sensor bereitgestellten Informationen (z.B. Orientierung oder Position eines Werkstückes), die sowohl einfache Ja-Nein-Entscheidungen als auch analoge oder digitale Daten enthalten können, zu verarbeiten und den Ordnungsprozess zu steuern.

3.5 Wertanalytische Betrachtung konventioneller Ordnungseinrichtungen.

Um die Möglichkeiten einer Erhöhung der Flexibilität von konventionellen Ordnungseinrichtungen zu klären, wurden die sechs am häufigsten eingesetzten Ordnungseinrichtungen (Bild 4) einer Nutzwertanalyse /26/ unterzogen, und anhand von fünf Bewertungskriterien mit unterschiedlicher Gewichtung beurteilt.
Diese sind:

o Anwendungsbereich
Der Anwendungsbereich läßt sich bestimmen aus der Anzahl verschiedener Werkstückverhaltenstypen und verschiedener -grössenklassen, die mit einer Prinziplösung (also nicht gerätespezifisch) geordnet werden können.

o Baugruppenaustauschbarkeit
Zur Beurteilung der Austauschbarkeit wurde für jede Baugruppe der jeweiligen Ordnungseinrichtung untersucht, welche Maßnahmen erforderlich sind, um sie auf ein anderes Werkstück umzurüsten. Dabei wurde unterschieden zwischen

- universell
- programmierbar
- einstellbar (Sollwert)
- verstellbar
- austauschbar
- starr

(↑ steigende Flexibilität)

o Einsatzhäufigkeit
Zur Beurteilung dieses Kriteriums wird auf eine Analyse des Marktangebots von Ordnungseinrichtungen zurückgegriffen /7/. Es kann angenommen werden, daß die Häufigkeit der am Markt angebotenen Geräte, der Baugrössen und der Varianten ein Maß für die Einsatzhäufigkeit ist.

o Leistungsziffer
Die Leistungsziffer ist das Verhältnis von Austragsleistung zu den Gerätekosten. Beim Vergleich der verschiedenen Lösungen wurde von einer mittleren Ausbringungsrate und von durchschnittlichen Gerätekosten ausgegangen. Die Werte beziehen sich auf vergleichbare Werkstücke.

o Werkstückbeanspruchung

Die Werkstückbeanspruchung ergibt sich aus den in Kap. 3.3.1 beschriebenen Bewegungsarten eines Werkstückes. Anhand dieser Kriterien wurden für die verschiedenen Geräte die möglichen Werkstückbeanspruchungen ermittelt.

In Bild 19 sind die Teil- und die Gesamtnutzen der untersuchten Ordnungseinrichtungen zusammengestellt.

Bewertungskriterien	Anwendungs-bereich	Baugruppen-austauschbar-keit	Einsatz-häufigkeit	Leistungs-ziffer	Werkstück-beanspruchung	Nutzwerte
Gewichtungsfaktor [%]	30	30	20	10	10	max. 1000
Vibrationswendelförderer	300	150	200	90	70	810
Schleppkettenförderer	240	300	160	60	60	820
Trommelbunker	210	210	120	80	50	670
Drehtellerbunker	60	210	40	80	60	450
Schöpfradbunker	90	210	20	40	70	430
Schöpfsegmentförderer	90	180	80	20	60	430

Bild 19: Zusammenstellung der Nutzwerte

Aus Bild 19 läßt sich ableiten, daß zwei Prinziplösungen, der Schleppketten- und der Vibrationswendelförderer mit Abstand die für eine Weiterentwicklung geeignetsten Geräte sind. Die Untersuchung zeigte aber auch, daß die Ansatzpunkte für eine Erhöhung der Flexibilität bei beiden Geräten verschieden sind. Beim Schleppkettenförderer müssen alle Baugruppen in die Weiterentwicklung miteinbezogen werden, beim Vibrationswendelförderer liegt der Schwerpunkt in der Entwicklung von Ordnungselementen mit einer höheren Flexibilität.

4 Entwicklung von standardisierten Ordnungselementen

4.1 Anforderungen an standardisierte Ordnungselemente

Für die Suche nach Lösungsmöglichkeiten, um die Flexibilität der Ordnungselemente zu erhöhen, ist es aus wirtschaftlichen Gründen notwendig, aus der großen Anzahl an unterschiedlichen Ausführungsformen standardisierte Ordnungselemente zu bilden. Ihre Anzahl muß so klein wie möglich gehalten werden, es muß aber umgekehrt gewährleistet sein, daß mit ihnen nahezu das ganze Spektrum von Ordnungsaufgaben ausgeführt werden kann.

Eine Vereinheitlichung ermöglicht aber auch eine analytische Betrachtung der am Ordnungselement auftretenden Werkstückbewegungen, und daraus lassen sich wiederum Anforderungen an ein flexibles Ordnungssystem ableiten.

4.2 Zusammenstellung von standardisierten Ordnungselementen

Die Standardisierung der Ordnungselemente erfolgt durch Zusammenfassen von Ordnungselementen mit gleichen Ordnungsaufgaben, Ordnungsprinzipien und gleichen oder ähnlichen Werkstückmerkmalen, die sie zum Ordnen ausnutzen. Hierzu wurden bekannte Ordnungselemente anhand der in Bild 2o zusammengestellten Kriterien untersucht.

UNTERSUCHUNGSKRITERIEN

ANALYSE VON ORDNUNGSELEMENTEN	
ORDNUNGSAUFGABE	Anzahl definierter Freiheitsgrade des Werkstückes vor und nach dem Ordnungselement
ORDNUNGSPRINZIP	Zwangsläufiges Ordnen, auswählendes Ordnen
FUNKTION DES ORDNUNGSELEMENTES	z. B. Erkennung der Orientierung, Signalumwandlung, Orientierungsänderung
ORDNUNGSRELEVANTE WERKSTÜCKMERKMALE	z. B. Geometrie, Schwerpunktlage, Formelement
BEWEGUNGSZUSTAND DER WERKSTÜCKE	vor und nach dem Ordnungselement
WIRKPRINZIP	z. B. Schwerkraft, Reibungskraft

Bild 2o: Zusammenstellung der Kriterien zur Untersuchung von Ordnungselementen

Aus den so erhaltenen Ordnungselementgruppen wurde jeweils eine Grundform gebildet, auf die alle Elemente einer Gruppe zurückgeführt werden konnten, und dazu wurden die für die Erhöhung ihrer Flexibilität wichtigen Elementkenngrössen ermittelt. In Bild 21 sind diese Grundformen zusammengestellt.

BEZEICHNUNG PRINZIPSKIZZE	VARIABLE ELEMENTKENN-GRÖSSEN	FUNKTIONSBESCHREIBUNG
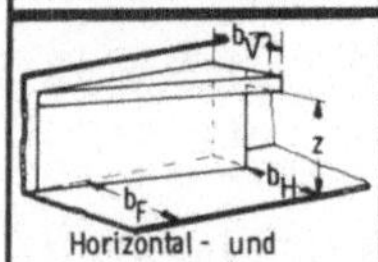 Horizontal- und Vertikalabweiser	Führungsbahn b_F Breite b_H, b_V Höhe z	Die Funktion des Horizontal- und Vertikalabweisers besteht darin, die auf der Führungsbahn b_F über- und nebeneinanderliegenden Werkstücke abzustreifen, so daß sie nachher vereinzelt und in beliebiger Orientierung hintereinander angeordnet sind. Sie können sich dabei noch berühren.
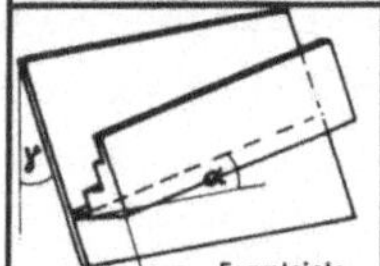 Formleiste	Leistendicke y_L Neigungswinkel α Neigungswinkel γ Geometrie	Die Formleiste trägt die in einem Bunker ungeordnet gespeicherten Werkstücke (Og 0.0) aus und ordnet diese gleichzeitig.
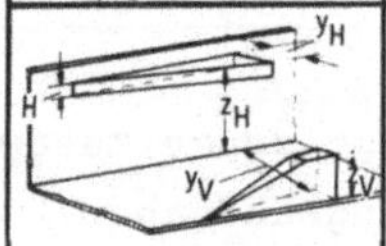 Ausrichter	Höhe z_H Breite y_H Kanalbreite y_V Höhe z_V	Der Ausrichter hat die Funktion, Werkstücke senkrecht zur Förderrichtung um 90^0 aus der senkrechten in die horizontale, bzw. aus der horizontalen in die vertikale Orientierung zu drehen.
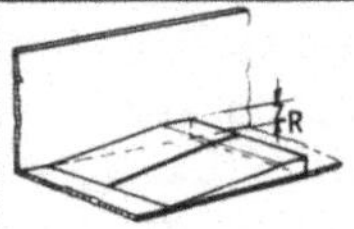 Rampe	Rampenhöhe z_R	Dieses Ordnungselement hat die Aufgabe, Werkstücke in Förderrichtung um 90^0, in seltenen Fällen um 180^0 zu drehen.
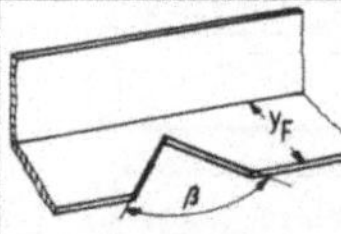 Aussparung	Öffnungswinkel ß Förderbahnbreite y_F	Die Aussparung hat die Funktion,Werkstücke nach dem Auswahlprinzip zu orientieren, d. h. falsch orientierte Werkstücke abzuweisen.
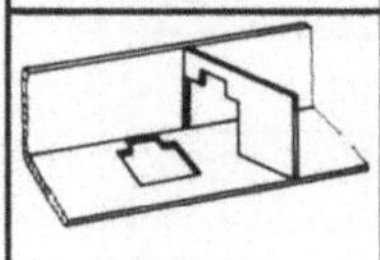 Formdurchlaß	Abmessungen Geometrie	Die Funktion dieses Ordnungselements ist es, nach dem Auswahlprinzip richtig orientierte Werkstücke passieren zu lassen und falsch orientierte abzuweisen. Dies kann in Förderrichtung und senkrecht dazu erfolgen.
 PHG mit Sensor	Steuerung Kinematik	Die Funktion dieses Ordnungselements besteht in der Erfassung der Position und/oder der Orientierung eines Werkstückes und im Überführen des Werkstückes aus der Ist- in die Soll-position und/oder - orientierung mit einem PHG.

Bild 21: Zusammenstellung der standardisierten Ordnungselemente

4.3 Zuordnungsmatrix zwischen Standardordnungselement und Ordnungsaufgabe

Die Ordnungsaufgabe eines Ordnungselementes besteht nach Kap.3.2 in der Erhöhung des rotatorischen und/oder translatorischen Ordnungszustandes eines Werkstückes. Von dieser Ordnungsaufgabe ist auch die Anordnung bzw. Reihenfolge der Ordnungselemente abhängig. In Bild 22 sind den Standardordnungselementen die jeweils maximal mögliche Ordnungsaufgabe zugeordnet, die sie ausführen können und zwar in der Art, daß der Ordnungszustand des Werkstückes vor und nach dem Ordnungselement angegeben ist.

ORDNUNGSZUSTAND DER WERKSTÜCKE			NACH DEM ORDNUNGSELEMENT				
			in Linie				punktförmig
			2.0	2.1	2.2	2.3	3.3
VOR DEM ORDNUNGSELEMENT	räumlich	0.0	Abweiser Formleiste	Formleiste	Formleiste		
	in Linie	2.0		Ausrichter Rampe Aussparung Formdurchlaß			PHG mit Sensor
		2.1			Ausrichter Rampe Aussparung Formdurchlaß		PHG mit Sensor
		2.2				Ausrichter Rampe Aussparung Formdurchlaß	PHG mit Sensor
	punktförmig	3.2					PHG mit Sensor

Bild 22: Zuordnungsmatrix zwischen Standardelement und Ordnungsaufgabe

Aus dieser Zuordnung lassen sich drei Schwerpunkte erkennen:

- Ordnungselemente, die ungeordnet gespeicherte Werkstücke (Og 0.0) in einen teilgeordneten Zustand überführen, so daß sie in Linie hintereinander aufgereiht sind (Og 2.0). Durch konsequentes Ausnutzen der Ordnungsmerkmale ist es mit dem Ordnungselement Formleiste möglich, einen höheren Ordnungszustand zu erreichen (z.B. Og 2.1).

- Ordnungselemente, die die in Linie angeordneten Werkstücke (Og 2.0) so weit ordnen, daß sie alle die gleiche Orientierung aufweisen (Og 2.2).

- Zum vollständigen Ordnen aus dem Ordnungszustand Og 2.2 nach Og 2.3 bzw. Og 3.3 von unsymmetrischen bzw. von Werkstücken, die Formmerkmale aufweisen, die in den Umhüllungskörper hineinragen (z.B. Sackloch), ist ein Orientierungselement (z.B. PHG) mit Sensor notwendig. Bei entsprechender Leistungsfähigkeit des Sensors und des Orientierungselements kann dieses Ordnungselement bereits bei einem geringeren Ordnungszustand (z.B. Og 2.o) zum Ordnen von Werkstücken eingesetzt werden.

4.4 Zuordnungsmatrix zwischen Standardordnungselement und Ordnungsmerkmal

In Bild 23 sind den Standardelementen, die für das Ordnungselement wichtigsten Ordnungsmerkmale eines Werkstückes zugeordnet.

ORDNUNGS-ELEMENTE			AUSWAHLPRINZIP				ZWANGSPRINZIP		
			Ab-weiser	Form-leiste	Aus-sparung	Form-durch-laß	Aus-richter	Rampe	PHG mit Sensor
ORDNUNGSRELEVANTE WERKSTÜCKMERKMALE	FORM	äußere		●	●	●			●
		innere			●				
	ABMESSUNGEN	Höhe h	●				●		
		Breite b	●						
		Länge l							
		Durchmesser d	●						
		l/d Verhältnis		●			●		
		l/b Verhältnis					●		
	SCHWER-PUNKT-LAGE	außermittig zur Förderrichtung	●	●	●		●	●	
		außermittig in Förderrichtung			●	●		●	
	FORMELEMENTE	Fase							●
		Grat							●
		Absatz		●					
		Bund		●					
		Bohrung							●
		Zapfen							●
		offene Nut							●
		Ringnut							

Bild 23: Zuordnungsmatrix zwischen Standardelement und Ordnungsmerkmal

Nach Festlegung der Ordnungsmerkmale an einem Werkstück und der erforderlichen Ordnungsaufgabe können anhand von Bild 22 und Bild 23 geeignete Standardordnungselemente ausgewählt werden.

4.5 Analytische Betrachtung der Ordnungselemente und der an ihnen entstehenden Werkstückbewegungen

Diese Betrachtung führt, in Abhängigkeit bestimmter Werkstückmerkmale (z.B. Abmessungsverhältnis c/a), auf Gültigkeitsbereiche und Gesetzmäßigkeiten der variablen Einstellparameter für die standardisierten Ordnungselemente. Dadurch ist es möglich, für ein spezielles Werkstückspektrum,mit vorgegebenen Werkstückabmessungen, die Einstellparameter der Ordnungselemente innerhalb ihrer Gültigkeitsbereiche bzw.nach bestimmten Gesetzmäßigkeiten so zu wählen, daß die Verstellbereiche möglichst klein werden. Die Betrachtungen werden für rotationsförmige und prismatische Werkstücke durchgeführt. Eine Überprüfung der theoretisch ermittelten Einstellparameter auf ihre Gültigkeit, wird anhand experimenteller Untersuchungen in Kap. 7 durchgeführt.

4.5.1 Horizontal- und Vertikalabweiser

Die Funktion des Horizontal- und Vertikalabweisers ist es, die auf der Förderbahn y_F über- und nebeneinanderliegenden Werkstücke abzustreifen, so daß sie vereinzelt und in beliebiger Orientierung hintereinander angeordnet sind. Sie können sich dabei noch berühren. Anzustreben ist, daß möglichst alle Werkstückorientierungen erhalten bleiben und, soweit welche abgewiesen werden müssen, es sich nicht um die Vorzugsorientierung handelt.
Anhand von Geometriebetrachtungen wurden die Abmessungen bzw. Einstellparameter des Horizontal- und Vertikalabweisers für verschiedene Werkstückgruppen, die sich aufgrund unterschiedlicher Abmessungsverhältnisse ergaben, ermittelt. Für diese Werkstückgruppen wurden die untere bzw. obere Grenze für die Breite y und die Höhe z des Förderkanals sowie die Breite b_V des Vertikalabweisers in Abhängigkeit der Werkstückabmessungen a,b,c,d und l bestimmt. Die Ergebnisse sind für rotationsförmige Werkstücke in Bild 24 und für prismatische Werkstücke in Bild 25 eingetragen und anhand von Beispielen erläutert.

Gültigkeitsbereich für rotationsförmige Werkstücke	Einstellparameter des Horizontal- und Vertikalabweisers			Beispiel
	z	y	b_V	
$0 < \frac{l}{d} < \frac{1}{2}$	$l < z < 2l$	$\frac{d}{2} + \frac{l}{2} < y < \frac{d}{2} + \frac{3}{2}l$	$y - \frac{3}{2}l < b_V < y - \frac{l}{2}$	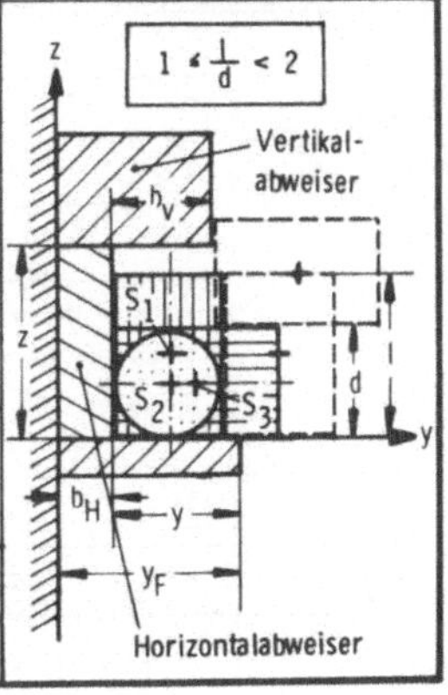 $1 \leq \frac{l}{d} < 2$
$\frac{1}{2} \leq \frac{l}{d} < 1$	$d < z < 2l$	$\frac{d}{2} < y < \frac{3}{2}l$	$b_V > \frac{d}{2}$	
$1 \leq \frac{l}{d} < 2$	$l < z < 2d$	$\frac{l}{2} < y < \frac{3}{2}d$	$b_V > \frac{l}{2}$	
$2 \leq \frac{l}{d} < 3$	$d < z < 2d$	$\frac{l}{2} < y < \frac{3}{2}d$	$y - \frac{3}{2}d < b_V < y - \frac{d}{2}$	
$\frac{l}{d} \geq 3$	$d < z < 2d$	$\frac{d}{2} < y < \frac{3}{2}d$	$b_V > \frac{d}{2}$	

Bild 24: Einstellparameter des Horizontal- und Vertikalabweisers für rotationsförmige Werkstücke

Zur Erhöhung der Leistung des Ordnungselementes wurden für bestimmte Werkstückgruppen des prismatischen Werkstückspektrums zusätzlich die Höhe z_1 und Breite b_{V1} eines zweistufigen Vertikalabweisers bestimmt (Bild 25, Beispiel 2).

Gültigkeitsbereiche für prismatische Werkstücke			Einstellparameter des Horizontal- und Vertikalabweisers: z	y	b_V	Beispiel
$a=b=c$			$a<z<2a$	$\frac{a}{2}<y<\frac{3}{2}a$	$b_V>\frac{a}{2}$	1: $a=b<c$, $1<\frac{c}{a}<2$
$a=b<c$	$1<\frac{c}{a}<2$		$c<z<2a$	$\frac{c}{2}<y<\frac{3}{2}a$	$b_V>c-\frac{a}{2}$	
	$2\leq\frac{c}{a}<3$		$a<z<2a$	$\frac{c}{2}<y<\frac{3}{2}a$	$b_V>c-\frac{a}{2}$	
	$\frac{c}{a}\geq 3$		$a<z<2a$	$\frac{a}{2}<y<\frac{3}{2}a$	$\frac{a}{2}<b_V<y-\frac{a}{2}$	
$a<b=c$	$1<\frac{c}{a}<2$		$b<z<2a$	$\frac{c}{2}<y<\frac{3}{2}a$	$b_V>c-\frac{a}{2}$	
	$2\leq\frac{c}{a}<3$		$a<z<2a$	$\frac{c}{2}<y<c+\frac{a}{2}$	$\frac{c}{2}<b_V<y-\frac{a}{2}$	
			$c<z_1<a+c$		$b_{V1}>c-\frac{a}{2}$	
	$\frac{c}{a}\geq 3$		$a<z<2a$	$\frac{c}{2}<y<c+\frac{a}{2}$	$\frac{c}{2}<b_V<y-\frac{a}{2}$	
$a<b<c$	$1<\frac{c}{a}<2$	$\frac{b}{a}<\frac{c}{a}$	$c<z<2a$	$\frac{c}{2}<y<\frac{3}{2}a$	$b_V>c-\frac{a}{2}$	2: $a<b<c$, $2\leq\frac{c}{a}<3$, $2<\frac{b}{a}<\frac{c}{d}$
	$2\leq\frac{c}{a}<3$	$1<\frac{b}{a}<2$	$b<z<2a$	$\frac{c}{2}<y<\frac{3}{2}a$	$b_V>c-\frac{a}{2}$	
		$2\leq\frac{b}{a}<\frac{c}{a}$	$a<z<2a$	$\frac{c}{2}<y<b+\frac{a}{2}$	$c-\frac{b}{2}<b_V<y-\frac{a}{2}$	
			$c<z_1<a+b$		$b_{V1}>c-\frac{a}{2}$	
	$\frac{c}{a}\geq 3$	$1<\frac{b}{a}<2$	$b<z<2a$	$\frac{b}{2}<y<\frac{3}{2}a$	$b_V>y-\frac{a}{2}$	
		$2\leq\frac{b}{a}<3$	$a<z<2a$	$\frac{c}{2}<y<c+\frac{a}{2}$	$c-\frac{b}{2}<b_V<y-\frac{a}{2}$	
			$b<z_1<a+b$		$b_{V1}>y-\frac{a}{2}$	
		$3\leq\frac{b}{a}<\frac{c}{a}$	$a<z<2a$	$\frac{c}{2}<y<b+\frac{a}{2}$	$b_V>b-\frac{a}{2}$	

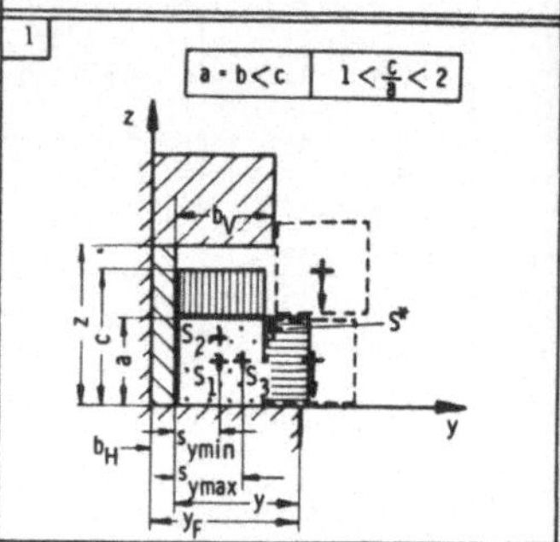

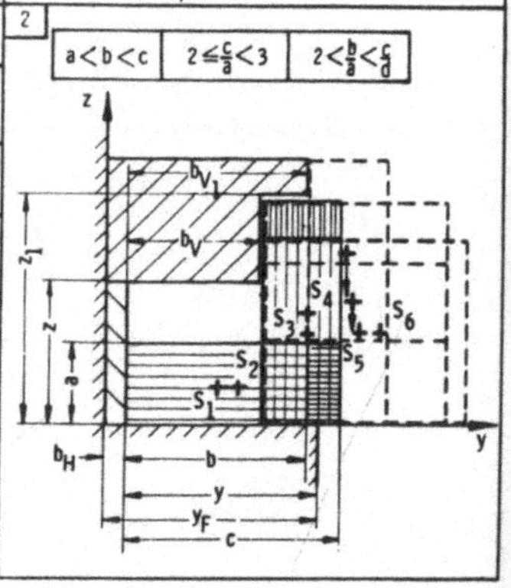

Bild 25: Einstellparameter des Horizontal- und Vertikalabweisers für prismatische Werkstücke

Die durchgezeichneten Werkstückkonturen passieren den Horizontal- und Vertikalabweiser, die gestrichelt gezeichneten Konturen werden abgewiesen. Um sicherzustellen, daß beim Abweisen des oberen von zwei übereinanderliegenden Werkstücken nicht auch das auf der Förderbahn liegende mit hinunterfällt, muß der Gesamtschwerpunkt S* zum Zeitpunkt des Ablösens des oberen Werkstückes noch über der Förderbahn liegen.

4.5.2 Formleiste

Die Funktion der Formleiste ist es, die in einem Bunker ungeordnet gespeicherten Werkstücke (Og O.O) aus diesem auszutragen und gleichzeitig zu ordnen. Durch entsprechende Einstellung der Leistengeometrie, der Leistendicke y_L und des Leistenneigungswinkels γ_L werden nur die Werkstücke ausgetragen, die die geforderte Orientierung auf der Formleiste einnehmen. Die anderen fallen in den Bunker zurück. Damit eine Werkstückbewegung auf der Leiste erfolgt, muß diese um den Winkel α_L geneigt sein.

Bei der Bestimmung der Einstellparameter ist von zwei unterschiedlichen Förderverhalten auszugehen:

- rollende Werkstücke
- gleitende Werkstücke

Zu welcher Gruppe rotationsförmige Werkstücke zugeordnet werden müssen, hängt zum einen vom l/d-Verhältnis und zum anderen vom Schwerpunktsabstand u_S, v_S ab.

In Bild 26 sind die Einstellparameter der Formleiste zusammengefaßt dargestellt, und für die verschiedenen Werkstückgruppen jeweils an einem Beispiel erläutert.
In den Beispielen sind nur die zum Ordnen wichtigen Werkstückorientierungen eingezeichnet. Bei den rollenden Werkstücken sind zwei Werkstückorientierungen mit den Schwerpunkten S_1 und S_2 zu betrachten. Die Werkstückorientierung, bei der der Abstand zwischen dem Werkstückschwerpunkt und der Formleiste in y-Richtung am geringsten ist, soll auf der Leiste erhalten bleiben.
In Beispiel drei (Bild 26) sind nur vier der sechs möglichen Orientierungen eingezeichnet. Hier bleiben zwei definierte Werkstückorientierungen mit S_1 und S_2 auf der Leiste erhalten. Die Werkstückorientierung mit S_2 kann entweder durch konstruktive Maßnahmen an der Formleiste oder durch ein nachfolgendes Ordnungselement (z.B. Abweiser) ausgeschieden werden.
Bei den oben durchgeführten Betrachtungen wurde davon ausgegangen, daß die Werkstücke nicht übereinander geschichtet sind. Dies kann durch konstruktive Maßnahmen in der entsprechenden Ordnungseinrichtung vermieden werden.

Werkstückgruppe		Einstellparameter der Formleiste: Leistendicke y_L (γ_L=konst.)	Neigungswinkel γ_L (y_L=konst.)	Neigungswinkel α_L	Beispiel
rollende Werkstücke	$l/d < 1$	$y_L > u_S - v_S \cdot ctg\, \gamma_L$	$ctg\, \gamma_L > \frac{u_S - y_L}{v_S}$	$tg\, \alpha_L \leq 3 \mu_H$	1 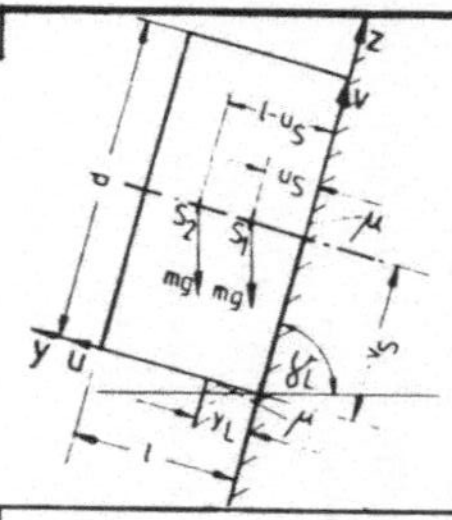
	$l/d \approx 1$ $u_S < v_S$	$y_L < l - u_S - v_S\, ctg\, \gamma_L$	$ctg\, \gamma_L < \frac{l - u_S - y_L}{v_S}$		
gleitende Werkstücke	$l/d \approx 1$ $u_S \approx v_S$	$45° < \gamma_L \leq 90°$	$45° < \gamma_L \leq 90°$	$tg\, \alpha_L > \mu_H$	2 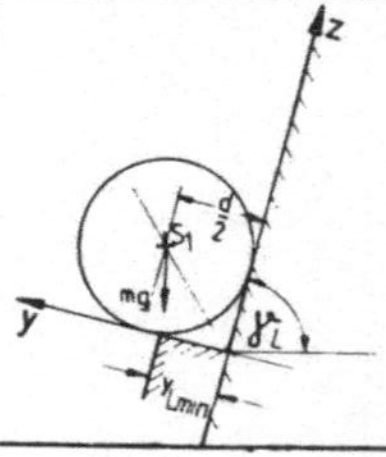
	$l/d > 1$	$y_{L_{min}} = \frac{d}{2}(1 - ctg\, \gamma_L)$ $y_{L_{max}} < \frac{d}{2}(3 - ctg\, \gamma_L)$	$ctg\, \gamma_L = 1 - \frac{2 y_{L_{min}}}{d}$		
	$a \leq b \leq c$ $u_S \leq v_S \leq w_S$	$y_L > u_S - v_S\, ctg\, \gamma_L$ $y_L < v_S - w_S\, ctg\, \gamma_L$	$ctg\, \gamma_L > \frac{u_S - y_L}{v_S}$ $ctg\, \gamma_L < \frac{v_S - y_L}{w_S}$	$tg\, \alpha_L > \mu_H$	3 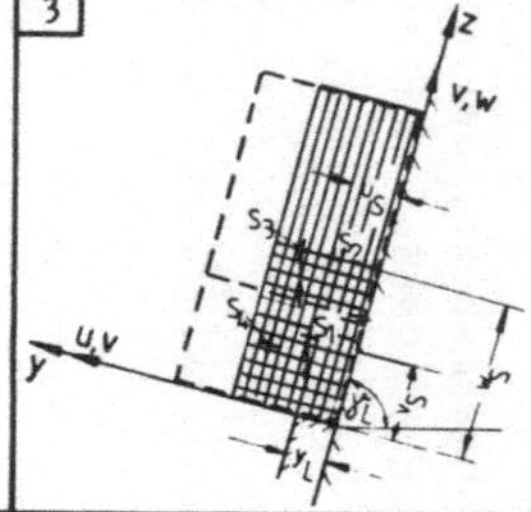

Bild 26: Einstellparameter der Formleiste

4.5.3 Ausrichter

Der Ausrichter hat die Funktion, Werkstücke senkrecht zur Förderrichtung um 9o Grd zu drehen.

Es sind zwei Fälle zu unterscheiden:

1) Drehen des Werkstückes aus der senkrechten in eine horizontale Orientierung.
2) Drehen des Werkstückes aus der horizontalen in eine vertikale Orientierung.

Das Werkstück muß dabei solange abgestützt werden, bis es über die Kippkante A_K selbständig in seine Soll-Orientierung kippt.
Die Dimensionierung des Ausrichters muß so erfolgen, daß der zur Drehung eines Werkstückes erforderliche Wirkbereich möglichst klein ist. Die Dimensionierung des Horizontalausrichters (Drehung des Werkstückes aus einer senkrechten in eine horizontale Orientierung) ist relativ einfach. In Bild 27 sind die Einstellparameter in Abhängigkeit der Werkstückabmessungen a,b dargestellt.

Gültigkeitsbereich	Einstellparameter		Beispiel
	Höhe z_H	Breite y_H	
$a \leq b \leq c$	$z_H > \frac{1}{2}\sqrt{a^2 + b^2}$ $z_H < b$	$y_H = \frac{a}{b}\left(z_H - \frac{a}{\sqrt{1 + \left(\frac{b}{a}\right)^2}}\right)$	

Bild 27: Einstellparameter des Horizontalausrichters

Die Optimierung des Wirkbereiches des Vertikalausrichters ist abhängig vom $\frac{b}{a}$ -Verhältnis des Werkstückes und muß für verschiedene Gültigkeitsbereiche durchgeführt werden. Um die Funktionsfähigkeit des Ordnungselementes sicherzustellen, muß der Angriffspunkt A des Ausrichters immer rechts vom Schwerpunkt S des Werkstückes liegen. Die Forderungen

$$y_V > y_{Smax} \qquad \text{und} \qquad a < y_V < b$$

müssen dabei immer erfüllt sein, Hierin ist y_V die Kanalbreite und $y_{S\,max}$ der von der z-Achse in y-Richtung am weitesten entfernt liegende Werkstückschwerpunkt S, den ein Werkstück beim Ausrichten einnehmen kann.

Aus diesen beiden Forderungen lassen sich in Abhängigkeit des $^b/a$- Verhältnisses drei verschiedene Gültigkeitsbereiche ermitteln, in denen sich y_V bewegen darf. In Bild 28 sind die Einstellparameter für die drei Bereiche mit jeweils einem Beispiel dargestellt.

In den beiden ersten Bereichen ist die Kanalbreite y_V in Förderrichtung (x-Richtung) konstant. Für den Bereich $b/a \geq \sqrt{3} + 2$ muß neben der Höhe z_V auch die Kanalbreite y_V verändert werden. (Bild 28, Beispiel 3). Die notwendigen Änderungen sollen möglichst klein sein. Unter dem Gesichtspunkt einer einfachen konstruktiven Realisierung ist eine lineare Änderung von y_V und z_V anzustreben .

Der Wirkpunkt des Ausrichters muß dabei immer rechts von der Wirklinie der Schwerkraft liegen, d.h. die Verbindungslinie $\overline{A_1\,A_2}$ zwischen dem oberen und dem unteren Wirkpunkt des Ausrichters darf die Schwerpunktskurve $(z_S(\alpha), y_S(\alpha))$ nicht schneiden. Die Wirkpunkte des Vertikalabweisers dürfen in der Fläche liegen, die von den Punkten A_1, A_2, A_2' und A_1' aufgespannt wird.

Eine minimale Änderung von y_V und z_V zwischen dem oberen und unteren Wirkpunkt wird erreicht, wenn die Wirkpunkte auf einer Tangente an die Schwerpunktskurve liegen, die parallel zu der Verbindungsgeraden $\overline{A_1'\,A_2'}$ ist.

Die Ausrichterhöhe z_V hängt von den Werkstückabmessungen und der Kanalbreite y_V ab. Sie steigt in Förderrichtung von $z_{V1} = 0$ bis zu z_{V2} an. Der Anstellwinkel soll dabei, entsprechend den jeweiligen konstruktiven Erfordernissen, so klein als möglich gewählt werden.

GÜLTIGKEITSBEREICH	EINSTELLPARAMETER		BEISPIEL
$a < b \leq c$	Kanalbreite y_v	Höhe z_v	
$1 < \frac{b}{a} \leq \sqrt{3}$	y_v = konst. $a < y_v < b$	$z_{v1} = 0$ $z_{v2} = \left(y_{v2} - \frac{b}{\sqrt{1 + \left(\frac{b}{a}\right)^2}} \right) \frac{b}{a}$	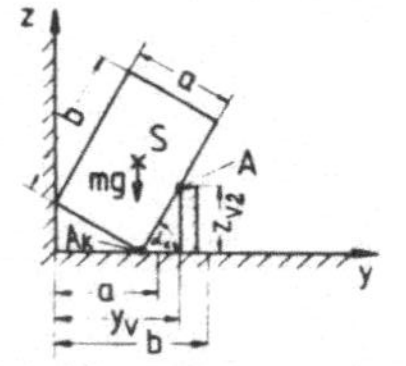
$\sqrt{3} < \frac{b}{a} < \sqrt{3} + 2$	y_v = konst. $y_{s\,max} < y_v < y_{v\,max}$ mit $y_{s\,max} = \frac{a}{2} \frac{1}{\sqrt{1 + \left(\frac{b}{a}\right)^2}} + \frac{b}{2} \frac{\frac{b}{a}}{\sqrt{1 + \left(\frac{b}{a}\right)^2}}$ $y_{v\,max} = \frac{b}{\sqrt{1 + \left(\frac{b}{a}\right)^2}}$	$z_{v1} = 0$ $z_{v2} = \left(y_v - \frac{b}{\sqrt{1 + \left(\frac{b}{a}\right)^2}} \right) \frac{b}{a}$	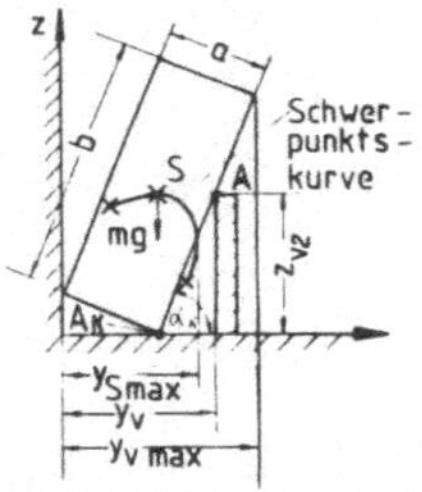
$\frac{b}{a} \geq \sqrt{3} + 2$	$y_{v1} = \left(z_{So} + \frac{\frac{b}{a}}{\sqrt{1 + \left(\frac{b}{a}\right)^2} - 2} \cdot y_{So} \right) \frac{\sqrt{1 + \left(\frac{b}{a}\right)^2} - 2}{\frac{b}{a}}$	$z_{v1} = 0$	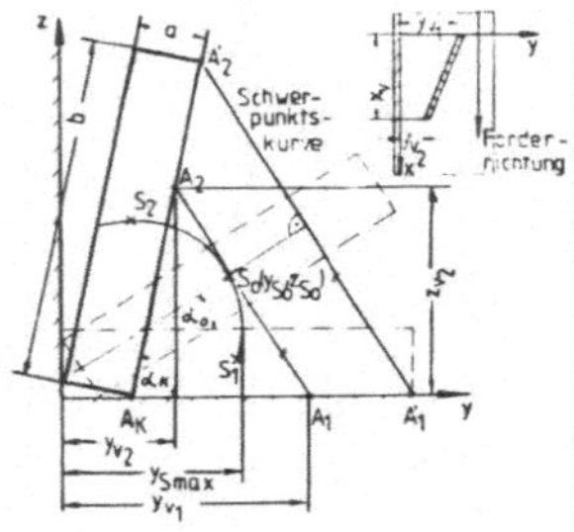
	$y_{v2} = \frac{\sqrt{1 + \left(\frac{b}{a}\right)^2} \left(y_{So} + b - 2\frac{a}{b} z_{So} \right)}{\left(\sqrt{1 + \left(\frac{b}{a}\right)^2} - 1 \right) \sqrt{1 + \left(\frac{b}{a}\right)^2}} + \frac{\left(\frac{a}{b} + \frac{a}{b}\right) z_{So} - 2b}{\left(\sqrt{1 + \left(\frac{b}{a}\right)^2} - 1 \right) \sqrt{1 + \left(\frac{b}{a}\right)^2}}$ mit $y_{So} = \frac{a}{2} \sin\alpha_0 + \frac{b}{2} \cos\alpha_0 , \; z_{So} = \frac{b}{2} \sin\alpha_0 + \frac{a}{2} \cos\alpha_0$ $\tan\alpha_0 = \frac{\sqrt{1 + \left(\frac{b}{a}\right)^2} - 2}{\frac{b}{a}}$	$z_{v2} = \left(y_v - \frac{b}{\sqrt{1 + \left(\frac{b}{a}\right)^2}} \right) \frac{b}{a}$	

Bild 28: Einstellparameter des Vertikalausrichters

4.5.4 Rampe

Dieses Ordnungselement hat die Aufgabe, Werkstücke in Förderrichtung um 9o Grd, in seltenen Fällen um 18o Grd zu drehen.

Zur Bestimmung der Rampenhöhe z_R ist eine Analyse der Werkstückbewegungen erforderlich /27/.

Die Bewegung läuft in zwei Phasen ab:

1. Drehung des Werkstückes um Punkt A_K (Bild 29).
2. Ablösung von A_K und freie Bewegung des Werkstückes (Bild 3o).

In Bild 29 ist der Bewegungsablauf und die Berechnung des Drehwinkels φ_o bis zu dem Zeitpunkt dargestellt, bis sich das Werkstück von der Kante löst, d.h. wenn N (φ) = 0 ist.

Phase 1	Berechnungsgrundlagen
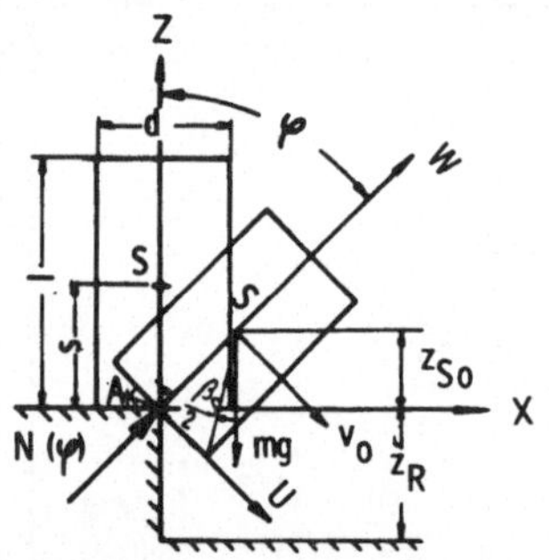 Z, d, φ, w, S, s, z_{So}, X, A_K, N (φ), mg, v_0, z_R, u	Aus Energieerhaltungssatz folgt für die Winkelgeschw. $\dot{\varphi}$ $E_{kin} = E_{pot} \longrightarrow \quad \dot{\varphi}(\varphi) = \sqrt{\frac{2\,mgs}{\theta_A}(1-\cos\varphi)}$
	Aus Schwerpunkt- u. Drallsatz folgt für die Auflagekräfte $\Sigma F_W = 0 \longrightarrow \quad N(\varphi) = mg\cos\varphi - ms\,\dot{\varphi}^2(\varphi)$
	Drehwinkel φ_0 zum Ablösezeitpunkt t_0 $N(\varphi) = 0 \longrightarrow \quad \cos\varphi_0 = \frac{2\,ms^2}{\theta_A + 2\,ms^2}$

Bild 29: Bewegungsablauf am Ordnungselement Rampe - Phase 1

Aus diesem Zeitpunkt t_o ergeben sich die Anfangsbedingungen für die Phase 2, die in Bild 3o dargestellt ist. Hieraus läßt sich die für die Dimensionierung der Rampe wichtige Rampenhöhe z_R in Abhängigkeit der Werkstückmerkmale und des Drehwinkels φ berechnen. Je nach der Ausgangsorientierung des Werkstückes kann es sich bei s* um u_S und v_S oder w_S handeln. Der minimale Drehwinkel φ muß dabei größer als der halbe Öffnungswinkel β_S sein.

Phase 2	Berechnungsgrundlagen
Z φ_0 w S z_{So} v_0 X A mg S s^* z_S W z_R U	Aus dem Drallsatz folgt für den Drehwinkel φ $\Theta_S \cdot \ddot{\varphi} = 0 \longrightarrow \varphi = \dot{\varphi}_0 t + \varphi_0$
	Aus dem Schwerpunktsatz folgt für die Bahnkurve $z_S(t)$ $m\ddot{x}_S = 0$ $m\ddot{z}_S = -mg$ $\longrightarrow z_S(t) = z_{So} - v_0\sqrt{1-\cos^2\varphi_0}\cdot t - \frac{g}{2}\cdot t^2$
Anfangsbedingungen	Bahnkurve in Abhängigkeit des Drehwinkels φ (t) in $z_S(t) \longrightarrow z_S(\varphi) = s\cos\varphi_0 - \sqrt{1-\cos^2\varphi_0}\;(\varphi-\varphi_0)$ $- \frac{g}{2\varphi^2 s}(\varphi-\varphi_0)^2$
$t_0 = 0$ $\dot{\varphi}_0 = \sqrt{\frac{2\,mgs}{\Theta_A}(1-\cos\varphi_0)}$ $v_0 = \dot{\varphi}_0 s$ $x_{So} = s\sin\varphi_0$ $z_{So} = s\cos\varphi_0$	Rampenhöhe z_R $z_R = z_S(\varphi) + s^*$

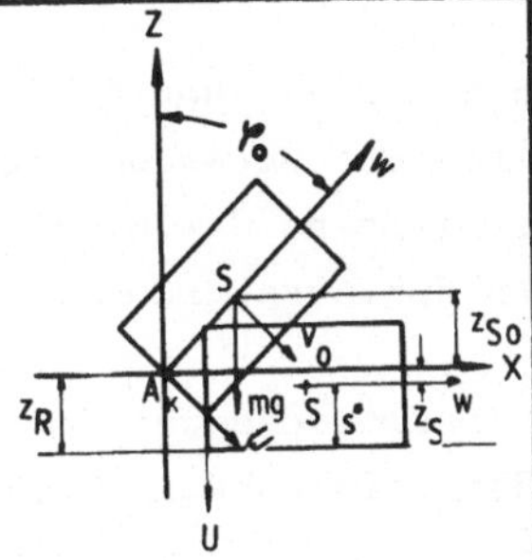

Bild 3o: Bewegungsablauf am Ordnungselement Rampe -Phase 2

4.5.5 Aussparung

Sie hat die Funktion Werkstücke nach dem Auswahlprinzip zu orientieren, d.h. falsch orientierte Werkstücke abzuweisen. Als Ordnungsmerkmale werden die äußere und die innere Form und der aussermittige Schwerpunkt in und senkrecht zur Förderrichtung ausgenutzt.

In Bild 31 sind die Einstellparameter und die möglichen Geometrien des Ordnungselements für charakteristische Werkstückgruppen, die sich mit diesem Standardelement ordnen lassen, dargestellt. Dabei lassen sich drei verschiedene Formen der Aussparung erkennen.
Für Werkstücke (Beispiel 1,2 und 3), die überwiegend auf den Stirnflächen gefördert werden, gilt für den Öffnungswinkel β_A, unabhängig von bestimmten Werkstückmerkmalen

$$\beta_A = \text{const.} = 6o \text{ Grd}$$

Für Werkstücke, die überwiegend auf ihrer Mantelfläche gefördert werden (Beispiel 4 und 5), muß der Öffnungswinkel β_A in Abhängigkeit bestimmter Werkstückmerkmale verändert werden.
Für prismatische Werkstücke, die einen außermittigen Schwerpunkt aufweisen, muß der Öffnungswinkel β_A = 9o Grd betragen.
Die Funktion des Ordnungselements ist für Beispiel 3 und 6 nur gewährleistet, wenn die in Bild 31 aufgeführten Bedingungen erfüllt sind.

WERKSTÜCKGRUPPE			EINSTELLPARAMETER				BEISPIEL
			Öffnungswinkel β_A	Aussparungsbreite x	Förderbahnbreite y_F	Einschränkende Bedingungen	
$\frac{l}{d_a} < \sqrt{3}$	1	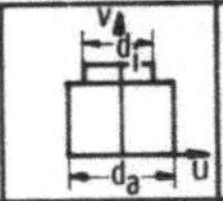	$\alpha_A = \beta_A = 60^0$	$x_A = 2y_F \operatorname{ctg} \beta_A$	$y_F > \frac{d_a}{2}$		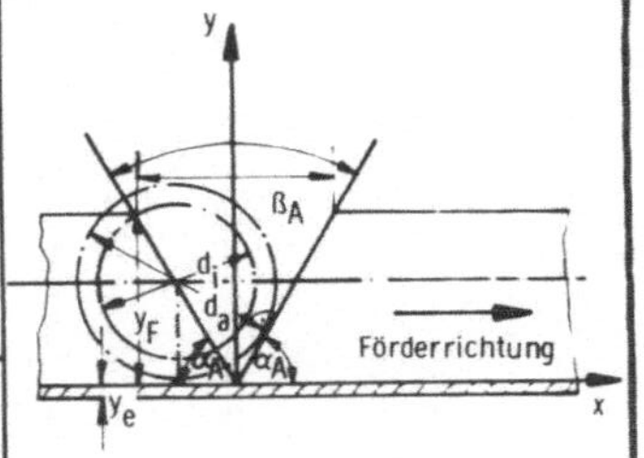
	2	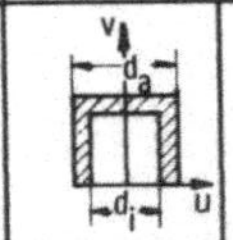	$\alpha_A = \beta_A = 60^0$	$x_A = 2y_F \operatorname{ctg} \beta_A$	$d_a \sin \beta_A > y_F > \frac{d_a}{2}$ $y_F \leq \frac{1}{2}(d_a + d_i \sin \alpha_A)$		
	3	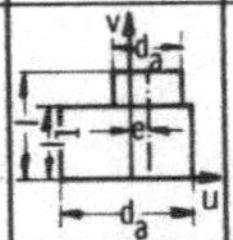	$\alpha_A = \beta_A = 60^0$	$x_A = 2y_F \operatorname{ctg} \beta_A$	$y_F > \frac{d_a}{2} + y_e$ mit $y_e = l \cos \alpha_A$	$\frac{\frac{1}{2}(d_a - d_i) + l_1}{e} > 1$	
$\frac{l}{d} > \sqrt{3}$	4	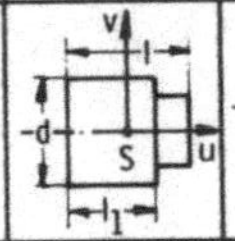	$\frac{l_1 - l/2}{d/2} > \operatorname{tg} \beta_A > \frac{l/2}{d/2}$	$x_A = y_F \operatorname{ctg} \alpha_A$	$y_F > \frac{d}{2}$		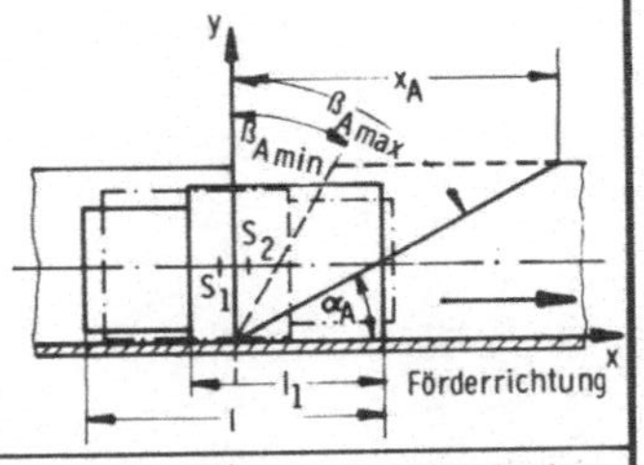
	5	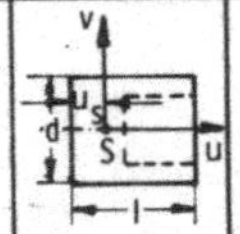	$\frac{u_S}{d/2} > \operatorname{tg} \beta_A > \frac{l - u_S}{d}$	$x_A = y_F \operatorname{ctg} \alpha_A$	$y_F > \frac{d}{2}$		
$a < b < c$	6	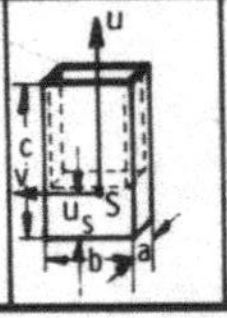	$\beta_A = 90^0$	$x_A > a - u_S$ $x_A < \sqrt{u_S^2 + b^2}$	$y_F > \frac{b}{2}$	$\frac{\sqrt{u_S^2 + b^2}}{a - u_S} < 1$	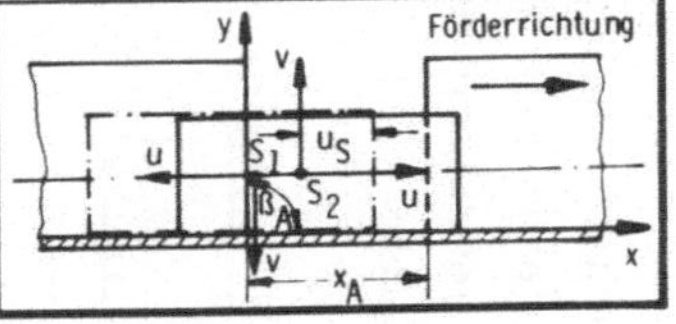

Bild 31: Einstellparameter und mögliche Geometrien des Ordnungselements Aussparung

4.5.6 Formdurchlaß

Die Funktion dieses Ordnungselementes ist es, nach dem Auswahlprinzip richtig orientierte Werkstücke passieren zu lassen und falsch orientierte abzuweisen. Dies kann in Förderrichtung und senkrecht dazu erfolgen. Der Formdurchlaß muß der äußeren Form des jeweiligen Werkstückes angepasst werden. Wichtige Werkstückmerkmale sind daher die äußere Form und die Abmessungen.

4.5.7 Programmierbares Handhabungsgerät mit Sensor

Technische Sensoren dienen zum Erfassen stochastischer Einflüsse im Umfeld eines PHG's, zum Messen physikalischer Grössen sowie zur Erkennung von Mustern und zur Erkennung von Position und Orientierung von Körpern. Sie verarbeiten die Signale eines oder mehrerer Aufnehmer bis zu einer vollständigen Information (z.B. Orientierung und Position) für ein PHG, die sowohl einfache Ja-Nein-Entscheidungen sowie analoge oder digitale Daten enthalten kann /28,29/.
Ein Sensor besteht somit aus dem Aufnehmer und der dazugehörenden Signalauswertung; es können jedoch auch Signalwandlungen und -verstärkungen im Sensor durchgeführt werden /3o/.
Als Ordnungselement kann ein Sensor nur in Verbindung mit einem PHG eingesetzt werden. In Bild 32 sind die Teilsysteme dieses Ordnungselementes dargestellt.

Die Funktion dieses Ordnungselements ist die Erfassung der Position und/oder Orientierung eines Werkstückes und das Überführen des Werkstücks aus der Ist- in die Sollposition und/oder Orientierung.

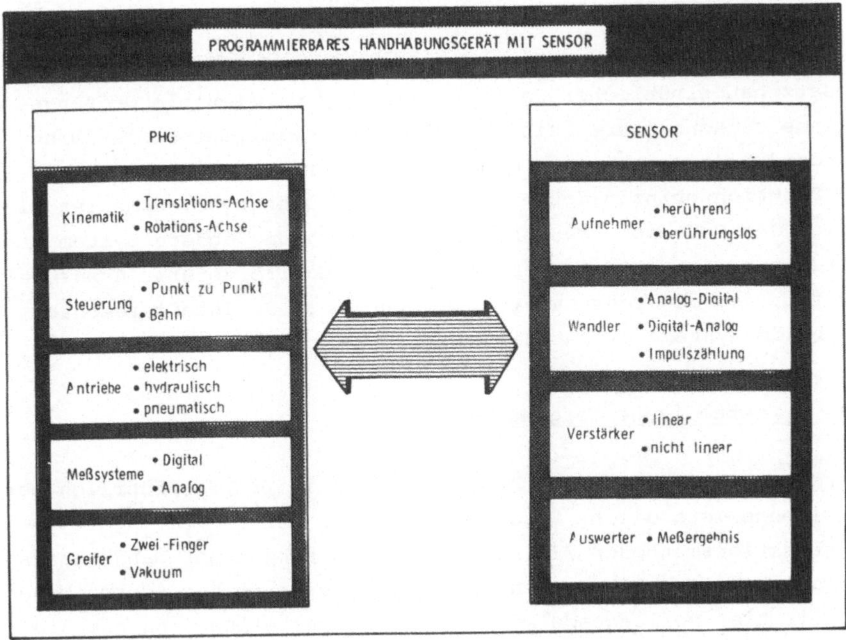

<u>Bild 32:</u> Teilsysteme des Ordnungselements: PHG mit Sensor (nach /28,3o/)

5 Konzeption flexibler Ordnungssysteme

Aus den Ergebnissen von Kap. 3 und 4 ist zu folgern, daß unter Einsatz handelsüblicher Teilkomponenten zwei flexible Ordnungssysteme zu konzipieren sind, um die zu entwickelnden flexiblen Standard-Ordnungselemente einsetzen zu können.
Als Funktionsprinzip des einen flexiblen Ordnungssystems ist diejenige des Schleppkettenförderers gewählt, das andere System arbeitet nach dem Prinzip des Vibrationswendelförderers. Anzustreben ist, daß möglichst viele Komponenten (z.B. Zuteilelemente) für beide Systeme einsetzbar sind.

5.1 Methodische Vorgehensweise

Grundlage für die weitere Arbeit ist die in /31/ ausführlich beschriebene methodische Vorgehensweise, in der allgemeingültige Konstruktionsmethoden /32, 33/ für die Lösung einer Handhabungsaufgabe herangezogen wurden. Sie eignet sich im besonderen Maße für die hier vorliegende komplexe Aufgabenstellung, da sie die Möglichkeit bietet, die Teilaufgaben und ihre Lösungen in unterschiedlicher Dichte und Tiefe darzustellen. Der Schwerpunkt liegt dabei in der Suche nach Lösungen zur Erhöhung der Flexibilität eines Ordnungssystems unter Einsatz der in Kap. 4 entwickelten Standardelemente.
Es werden daher die Teilfunktionen detaillierter betrachtet und ausgeführt, die maßgeblich die Flexibilität eines Ordnungssystems bestimmen. Die Ausarbeitungstiefe geht dabei soweit, daß für eine ausgewählte Konzeptvariante das Lösungskonzept in einer grobmaßstäblichen Entwurfsskizze aufgezeigt wird, die die Grundlage für den Bau entsprechender Versuchseinrichtungen darstellt.

5.2 Anforderungen an ein flexibles Ordnungssystem

5.2.1 Anforderungen an das Gesamtsystem

Die Anforderungen, die an ein flexibles Ordnungssystem zur weiteren Präzisierung der Aufgabe zu stellen sind, lassen sich in Forderungen und Wünsche aufgliedern.

Forderungen:

o Ordnen von ungeordnet gespeicherten Werkstücken (Og 0.0) und Bereitstellen der Werkstücke in definierter Anzahl, an einer bestimmten Position und in definierter Orientierung (Og 3.3).

o Ordnen eines möglichst großen Werkstückspektrums. Das in Bild 33 dargestellte Werkstückspektrum umfaßt nach Untersuchungen von FRANK /22/
ca. 75% aller Werkstücke bezüglich der Verhaltenstypen
ca. 74% aller Werkstücke bezüglich der Abmessungen

o Anpassungsfähigkeit der Systemkomponenten an unterschiedliche Werkstückparameter (z.B. Form, Abmessungen, Schwerpunktlage, Massen, Roll- u. Gleiteigenschaften).

Wünsche:

o Einfache Verstellung und/oder Austausch der Systemkomponenten

o Geringe Umrüstzeit

o Kurze Taktzeit

o Hohe Funktionssicherheit

o Geringer Kostenaufwand

Werkstückverhaltenstyp	Beispiel	Abmessungen in mm
FLACHTEILE $l/d < 0.5$	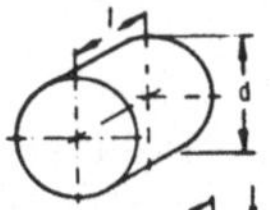	$l_{min}=5$, $l_{max}=50$ $d_{min}=10$, $d_{max}=100$
ZYLINDERTEILE $l/d > 0.5$	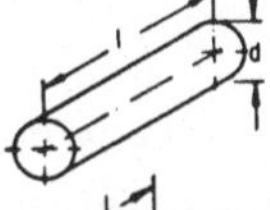	$l_{min}=10$, $l_{max}=100$ $d_{min}=5$, $d_{max}=50$
PILZTEILE		$l_{min}=10$, $l_{max}=100$ $d_{min}=5$, $d_{max}=50$
BLOCKTEILE	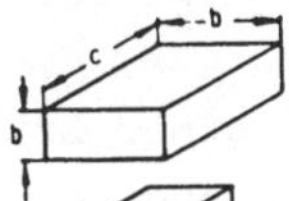	$a_{min}=5$, $a_{max}=50$ $b_{min}=10$, $b_{max}=100$ $c_{min}=10$, $c_{max}=100$
ZUSAMMENGESETZTE FORMTEILE	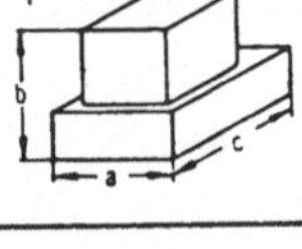	$a_{min}=10$, $a_{max}=100$ $b_{min}=10$, $b_{max}=100$ $c_{min}=10$, $c_{max}=100$

Bild 33: Ausgewähltes Werkstückspektrum

5.2.2 Anforderungen an die Teilsysteme

Zusätzlich zu den Forderungen und Wünschen an das Gesamtsystem müssen von den einzelnen Systemkomponenten folgende Anforderungen erfüllt werden:

Bunker:

- Vollkommene Entleerung des Bunkers.
- Bunker einsetzbar für das ganze Werkstückspektrum.

Zuführelemente:

- Anpassungsfähigkeit an unterschiedliche Werkstückgeometrien.
- Zuführen eines Werkstückes in mehreren definierten Orientierungen.

Ordnungselemente:

- Geringstmögliche Anzahl von Ordnungselementen pro Werkstück.
- Geringstmögliche Anzahl verschiedener Ordnungselemente für das ganze Werkstückspektrum.

Zuteilelemente:

- Alternativer Einsatz der Zuteilelemente an beiden Ordnungssystemen.
- Zuteilen von Werkstücken mit unterschiedlicher Orientierung.
- Prüfen der Werkstückorientierung beim Zuteilen.

Antrieb:

- Die Antriebe der Zuführelemente müssen eine stufenlose Regelung der Fördergeschwindigkeit erlauben.

Steuerung:

- Die Steuerung der Gesamtsysteme soll so flexibel sein, daß steuerungstechnische Änderungen, die infolge von Änderungen im Arbeitsablauf oder infolge einer Erweiterung des Werkstückspektrums während der Erprobung der Ordnungssysteme auftreten können, durchgeführt werden können.

5.3 Funktionsstruktur des Ordnungssystems

Die einzelnen Teilfunktionen des Ordnungssystems lassen sich mit den in Kap. 2.1.2 beschriebenen Handhabungsfunktionen detailliert darstellen (Bild 34).

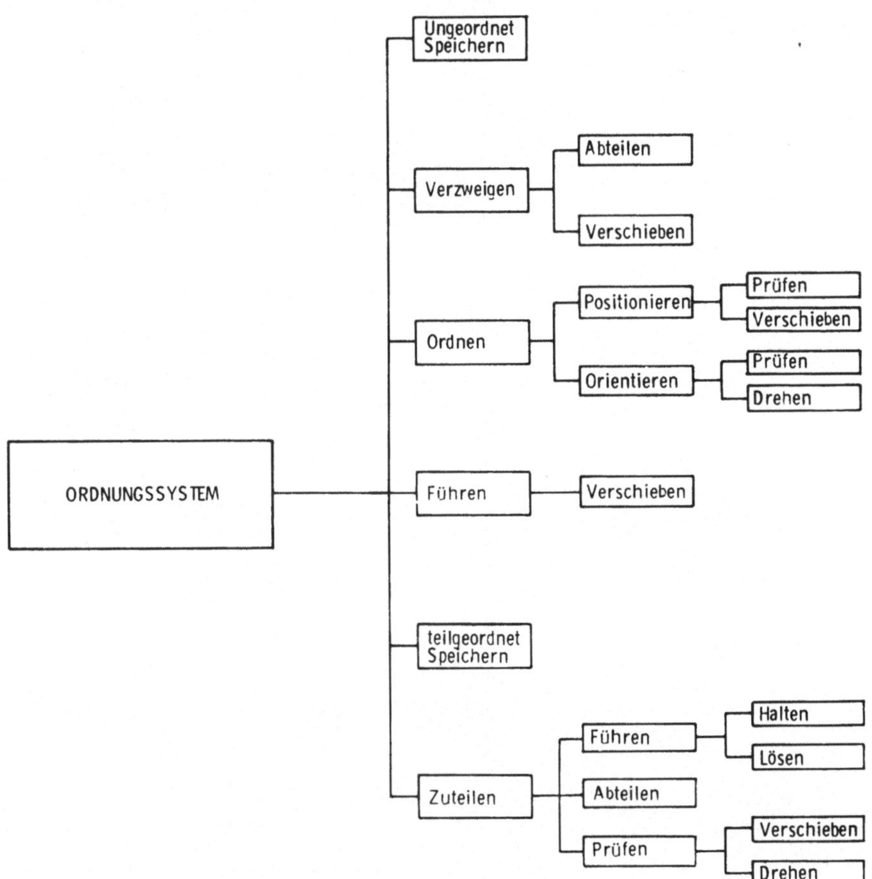

Bild 34 : Funktionsstruktur eines Ordnungssystems

5.3.1 Funktionsträgerstrukturen

Ordnet man den Handhabungsfunktionen in Bild 34 Funktionselemente zu, so kommt man auf die Struktur der Funktionsträger. In Bild 35 ist diese für das Ordnungssystem mit Schleppkettenförderer und in Bild 36 ist sie für das Ordnungssystem mit Vibrationswendelförderer dargestellt.

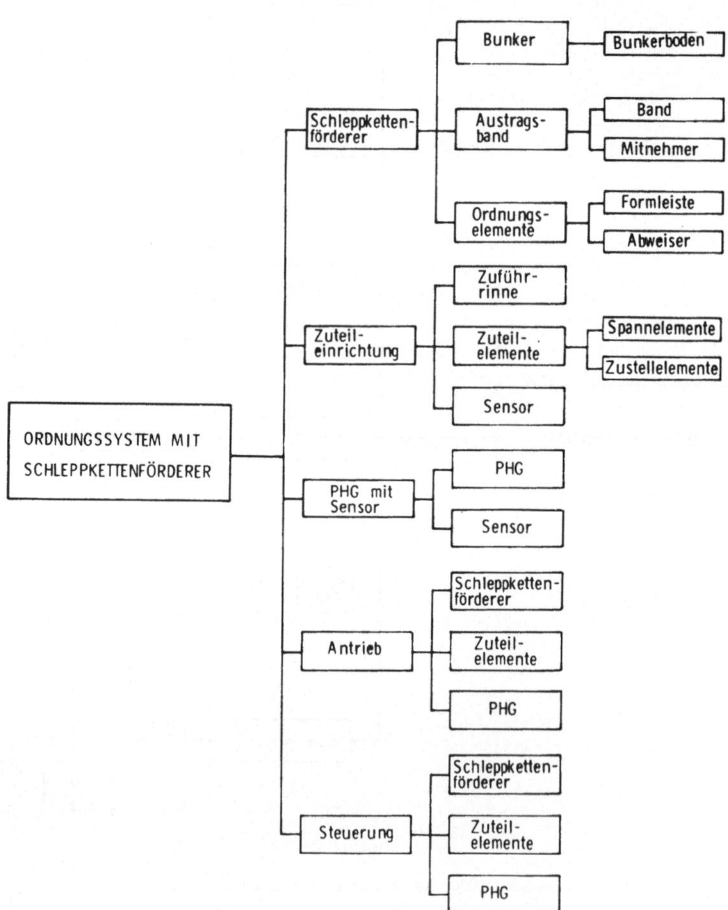

Bild 35: Funktionsträgerstruktur des Ordnungssystems mit Schleppkettenförderer

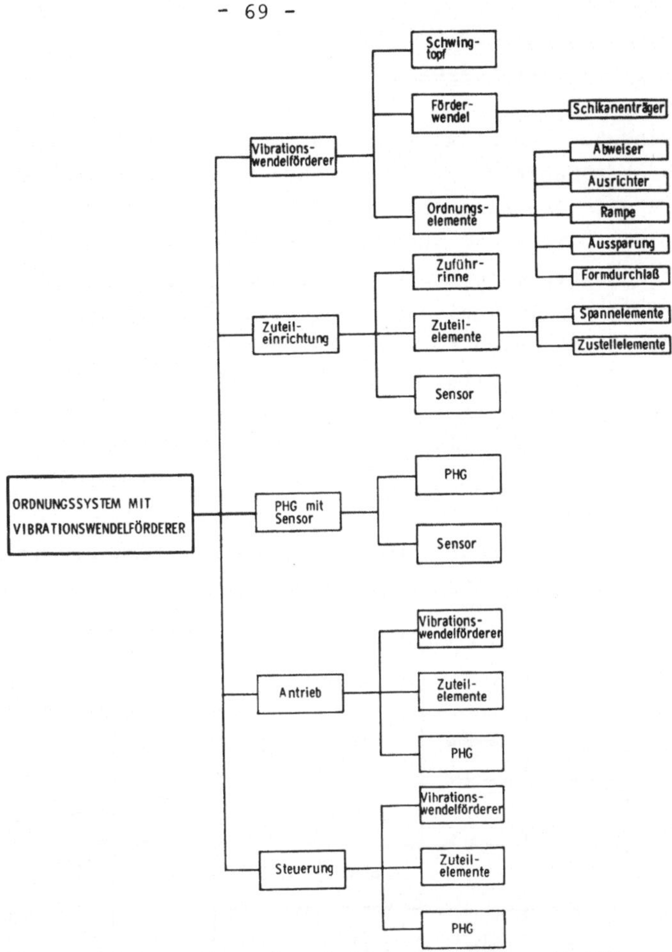

Bild 36: Funktionsträgerstruktur des Ordnungssystems mit Vibrationswendelförderer

5.4 Konstruktive Lösungsmöglichkeiten

Aus Bild 35 und 36 sind die einzelnen Teilsysteme zu erkennen, für die konstruktive Lösungen zum Bau der Versuchseinrichtungen zu suchen sind. Die Lösungssuche erstreckt sich dabei einmal auf die Erhöhung der Flexibilität bereits bekannter Funktionsträger, zum anderen auf die Entwicklung neuer Funktionselemente. Als methodisches Hilfsmittel wird der morphologische Kasten /34/ herangezogen. Die Lösungsfindung, -bewertung und-auswahl wird abkürzend dadurch dargestellt, daß die ausgewählten Lösungselemente dick umrandet sind.

5.4.1 Flexibler Schleppkettenförderer

Die Erhöhung der Flexibilität erfordert die Anpassungsfähigkeit geeigneter Geräteparameter durch entsprechende Verstellmechanismen an die verschiedenen Werkstückmerkmale. In Bild 37 sind den Geräteparametern und ihrer Verstellparameter in einem morphologischen Kasten eine Reihe von Lösungen, die die gestellten Anforderungen erfüllen, zugeordnet. Die dick umrandeten Lösungsvorschläge sind anhand der Beurteilungskriterien

- Flexibilität (35%)
- Umrüstzeit (25%)
- Funktionssicherheit (2o%)
- Herstellungskosten (1o%)
- Verschleiß (1o%)

bewertet und ausgewählt worden. Die Prozentangaben in Klammern entsprechen dabei ihrer Gewichtung.

Funktionselement		Verstellparameter	Lösung					
			1	2	3	4	5	6
Bunker	Bunkerboden	Geometrie	Höhenverstellbares Rasterblech	Starrer Bunkerboden	Rolladenblech	Förderband	**Gelenkig miteinander verbundene Bleche**	Austauschbarer Bunkerwagen
Austragsband	Band		Gliederband	**Plattenband**	Endlosstahlband	Gummiband		
	Mitnehmer		**Formleiste**	**profilierte Glieder**	Mulde	Rechteckleiste		
	Antrieb	Geschwindigkeit	**Gleichstrommotor mit Getriebe**	**Drehstrommotor mit Getriebe**				
Ordnungselement	Formleiste	Geometrie	Profilleiste	**Formschlüssiges Baukastensystem**	**Kraftschlüssiges Baukastensystem**	Form- und Kraftschlüssiges Baukastensystem		
		Dicke	**Formschluß durch Schwalbenschwanzverzahnung**	Formschluß durch Bajonetverschluß	Kaftschluß durch Senkschraube	Kraftschluß durch Sechskantschraube	**Kraftschluß durch Spannbolzen**	
		Neigungswinkel γ	**Hubspindel**					
		Neigungswinkel δ	Lochplatte	Platte mit Bohrungen	Platte mit kreisförmigem Langloch	**Platte mit kreisförmigem Spannelement**	Schwenkbares Austragsband	
	Abweiser	Höhe	**Langloch mit Feststellschraube**	Verstellspindel				

Bild 37: Morphologischer Kasten für die Elemente des flexiblen Schleppkettenförderers

Die ausgewählten Lösungselemente ergeben das in Bild 38 dargestellte Funktionsprinzip. Der Bunkerboden, der aus drei miteinander gelenkig verbundenen Blechen besteht, kann über zwei Hubspindeln so verstellt werden, daß die Werkstücke im Übergabebereich zwischen Bunker und Austragsband die günstigste Austragsorientierung einnehmen. Diese Funktion übernimmt zum grossen Teil das Übergabeblech. Das Hauptblech stützt die Werkstückmasse ab und gewährleistet ein Nachrutschen der Werkstücke. Das Ausgleichsblech schließt den Bunker nach hinten ab. Zur Anpassung des Bunkers an eine unterschiedliche Leistendicke und an unterschiedliche Bandneigungswinkel γ ist der Bunkerboden über eine Hubspindel horizontal verstellbar.

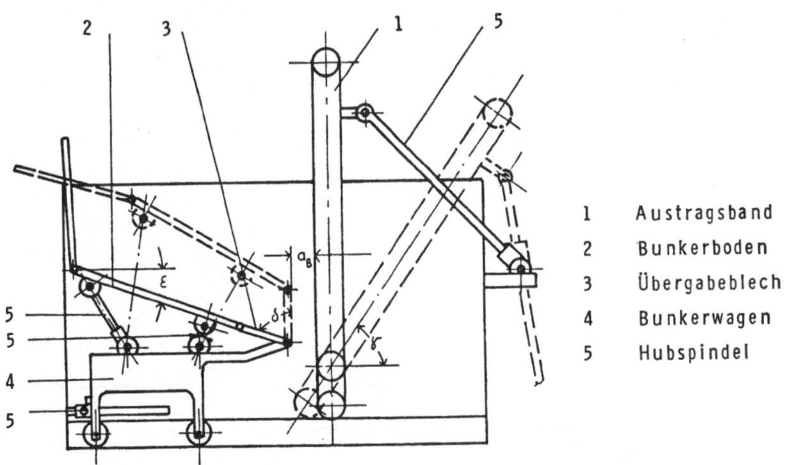

Bild 38: Funktionsprinzip des flexiblen Schleppkettenförderers

Das Plattenaustragsband ist gleichfalls durch eine Hubspindel in seiner Neigung verstellbar. Zur Optimierung der Austragsleistung läßt sich die Bandgeschwindigkeit des Austragsbandes stufenlos einstellen.

Die Formleisten können aus zwei und drei Millimeter starken, einfachen Leistenelementen aufgebaut werden, so daß eine Dickenstufung von einem Millimeter erreicht wird. Bild 39 zeigt den konstruktiven Aufbau einer Austragsplatte zum Verstellen und Spannen der Formleiste.

Die Dicke und die Geometrie kann nach dem Lösen von zwei Spannexzentern durch Hinterlegen einfacher Leistenelemente hinter die Deckleiste variiert werden. Durch eine 1/4-Drehung des Spannexzenters kann die Klemmleiste gespannt oder gelöst werden.

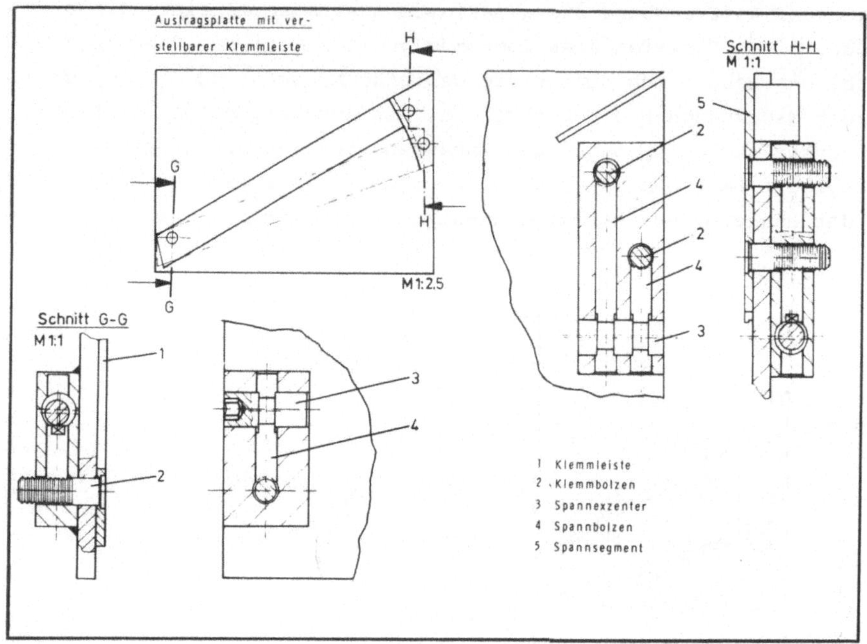

Bild 39: Austragsplatte mit verstellbarer Formleiste

Die Übergabe der Werkstücke vom Austragsband in eine Zuführrinne erfolgt seitlich. Sie erfolgt über eine Austragsleiste, die gleich aufgebaut ist wie die Formleiste. Über dieser Leiste ist der höhenverstellbare Abweiser installiert, der evtl. noch falsch orientierte Werkstücke abweist, die über ein Rutschblech in den Bunker zurückgeführt werden.

5.4.2 Flexibler Vibrationswendelförderer

5.4.2.1 Morphologischer Kasten

In Bild 4o sind für die Funktionselemente, die die Flexibilität des Vibrationswendelförderers bestimmen, Lösungen gesucht und ausgewählt worden. Die wichtigsten Zielkritierien waren neben guter Verstellbarkeit geringe Herstellungskosten und geringe Masse der Funktionselemente und ihrer Verstellmechanismen.

Funktionselement		Verstellparameter	Lösung 1	2	3	4
Schwingtopf			**Stahltopf**	Leichtmetalltopf	Kunststoffstufentopf	
Zuführelemente			Spirale	**zylindrische Wendel**		
Ordnungselementeträger			Steckverbindung mit selbsttätiger Arretierung	Einschubverbindung	**Klemmverbindung**	
Ordnungselemente	Abweiser	Kanalhöhe z_A	**Langloch mit Feststellschraube**	Spindelverstellung		
	Abweiser	Kanalbreite y_A	Schubkurbelgestänge	Dreieckiges Schubteil	**Kreisförmiges Langloch mit Feststellschraube**	Spindelverstellung
	Abweiser	Abweiserbreite b_A	Schubkurbelgestänge	Dreieckiges Schubteil	**Kreisförmiges Langloch mit Feststellschraube**	Spindelverstellung
	Vertikalausrichter	Kanalbreite y_V	Dreieckiges Schubteil	Schubkurbelgestänge	**Kreisförmiges Langloch mit Feststellschraube**	Spindelverstellung
	Vertikalausrichter	Höhe z_V	**Kreiförmiges Langloch mit Feststellschraube**	austauschbare Ausrichterelemente	Spindelverstellung	
	Horizontalausrichter	Kanalhöhe z_H	**Langloch mit Feststellschraube**	Spindelverstellung		
	Horizontalausrichter	Breite y_H	Schubkurbelgestänge	Dreieckiges Schubteil	austauschbare Ausrichterelemente	**Kreisförmiges Langloch mit Feststellschraube**
	Rampe	Höhe z_R	**Kreiförmiges Langloch mit Feststellschraube**	Spindelverstellung		
	Aussparung	Geometrie	austauschbare Schablone	verschiebbare 60°-Ausklinkung	**verstell- und klemmbare Segmente**	
	Formdurchlaß	Geometrie	austauschbare Schablone	**verstell- und klemmbare Segmente**		

Bild 4o: Morphologischer Kasten für die Funktionselemente des flexiblen Vibrationswendelförderers

Der prinzipielle Aufbau und die Funktion der Ordnungselemente wurden bereits in Kap.4 (Bild 21) beschrieben, so daß nur noch nach Lösungen für ihre Verstellung gesucht werden mußte. Als geeignetste Lösungen wurden die in einem geraden bzw. kreisförmigen Langloch verschieb- bzw. schwenk- und feststellbaren Ordnungselemente ausgewählt. Den konstruktiven Aufbau der Ordnungselemente Aussparung und Formdurchlaß zeigt Bild 41. Sie haben den gleichen konstruktiven Aufbau und bestehen aus 2o bzw. 8o verstellbaren Segmenten, die zum Verstellen gelöst und anschließend wieder verspannt werden können.

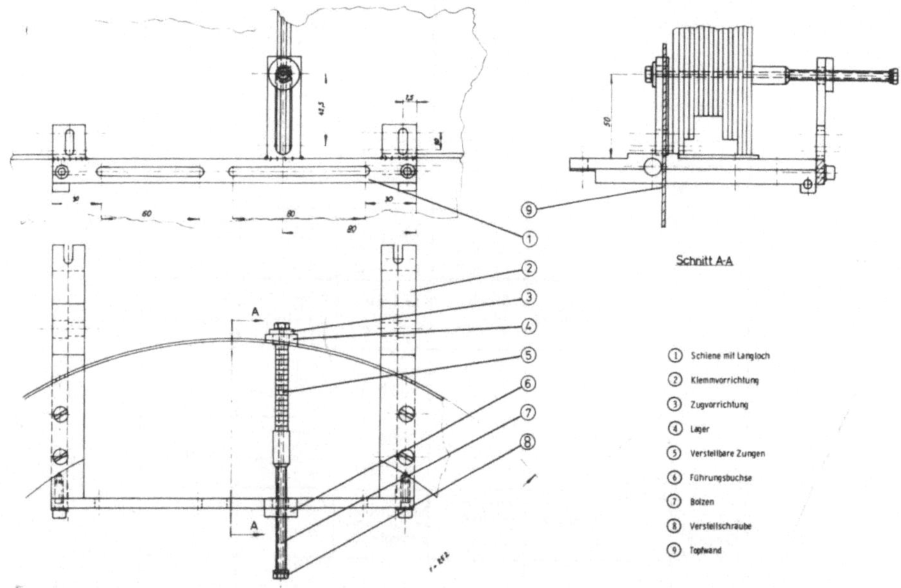

Bild 41: Konstruktiver Aufbau der Ordnungselemente Aussparung und Formdurchlaß

In Bild 41 ist zusätzlich der Aufbau des Ordnungselementträgers zu erkennen. Die Anzahl der notwendigen Ordnungselementträger konnte auf drei beschränkt werden, da die Ähnlichkeit der Ordnungselemente Abweiser, Ausrichter und Rampe und ihrer Verstellmechanismen eine Kombination der Einzelelemente auf einem Ordnungselementträger erlaubte. Da sie alle den gleichen konstruktiven Aufbau haben, kann auch die Reihenfolge der Ordnungselemente variiert werden/35/.

5.4.2.2 Einfluß der flexiblen Ordnungselemente auf das Bewegungsverhalten des Fördergutes

Beim Einsatz von flexiblen Ordnungselementen können Störungen im Förderverhalten der Vibrationswendelförderer auftreten, die die Funktionsfähigkeit beeinträchtigen.
Untersuchungen haben gezeigt, daß diese z.B. auf folgende physikalischen Ursachen zurückzuführen sind:

- o Anbringen von zusätzlichen, veränderbaren Massen (Ordnungselemente) in das Schwingsystem
- o Störungen der Gerätesteifigkeit (Aussparungen)
- o Änderungen der Gutmasse beim Fördern von unterschiedlichen Werkstücken

Diese Einflußgrößen konnten bei den bisherigen Berechnungsmethoden /36,37,38/ nicht berücksichtigt werden. Die Berechnung des Förderverhaltens kann durch die Anwendung der Methode der finiten Elemente sehr genau durchgeführt werden/39/.Die Untersuchungen haben gezeigt, daß folgende Fehlverhalten flexibler Ordnungsgeräte den Fördervorgang beeinflussen:

- o Nicht konstante Beschleunigung über die Förderstrecke
- o Schwingungsknoten auf der Förderstrecke
- o Taumelbewegungen des Gerätes

In Bild 42 ist die Vorgehensweise zur Optimierung von Geräten der Schwingzuführtechnik beim Einsatz flexibler Ordnungselemente dargestellt. Nach der Modellfindung wurde das System statisch und dynamisch in verschiedenen Stufen durchgerechnet und die Ergebnisse meßtechnisch überprüft. Das Ziel war es, rechentechnisch die notwendigen Einflußgrößen zu erfassen, um so die Reihenfolge und Anordnung der flexiblen Ordnungselemente optimieren zu können.

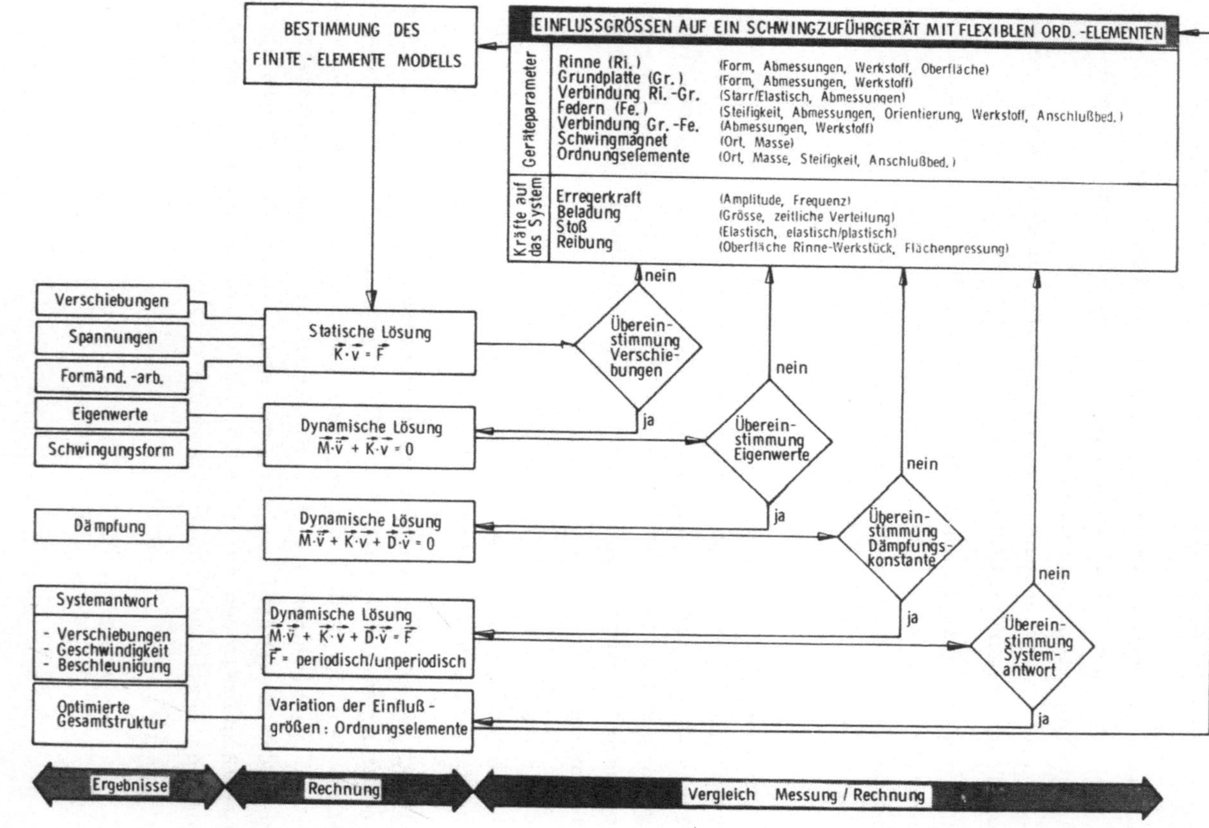

Bild 42: Vorgehensweise zur Berechnung der Fördergeschwindigkeit einer Schwingrinne

5.4.3 Flexible Zuteileinrichtung

Aus den in Kap. 5.2 aufgestellten Anforderungen ergibt sich die in Bild 43 dargestellte, prinzipielle Lösung für die Zuteileinrichtung mit geradlinig alternierenden Bewegungsmöglichkeiten der Zuteilelemente.
Die Lösungsfindung läßt sich für die drei Baugruppen

- Zuführrinne
- Zuteilelemente
- Sensorstation

getrennt durchführen.

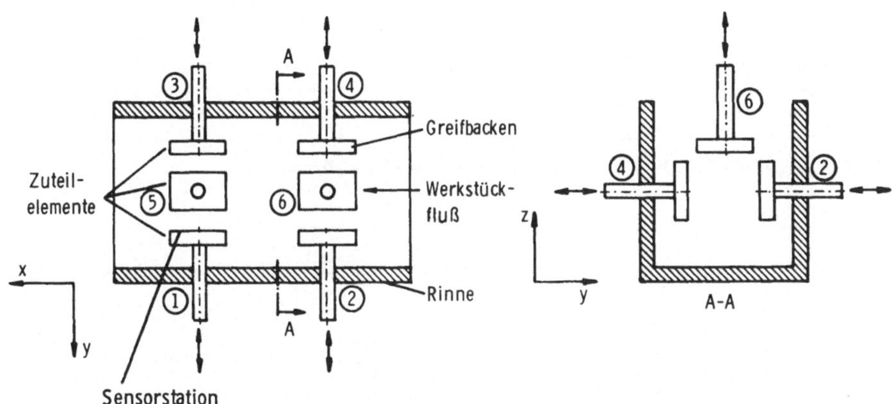

Bild 43: Prinzipieller Aufbau der flexiblen Zuteileinrichtung

5.4.3.1 Flexible Zuführrinne

Für die flexible Zuführrinne können die in Bild 44 aufgeführten prinzipiellen Lösungen herangezogen werden. Eine Bewertung der Lösungen hinsichtlich ihrer Anpassungsfähigkeit an unterschiedliche Werkstückeigenschaften ergibt deutliche Vorteile für den Einsatz eines Roll- und Gleitkanals.

Anpassungsfähigkeit an \ Weitergebeeinricht.		Rollenbahn	Roll- und Gleitkanal	Gleitrinne V-Form	Luftkissenstrecke
Werkstück-	Gewicht	●	●	●	—
	Breite	+	+	●	+
	Länge	●	+	+	+
	Durchmesser	●	+	+	●
	Form	●	+	—	—
	Rollverhalten	●	+	—	—
	Gleitverhalten	+	+	+	+
	Hängeverhalten	—	●	—	—
Bewertung:		+ = möglich;	● = schwierig;	— = nicht möglich	

Bild 44: Bewertung verschiedener Zuführrinnen

Den prinzipiellen Aufbau eines Roll- und Gleitkanals zeigt Bild 45.

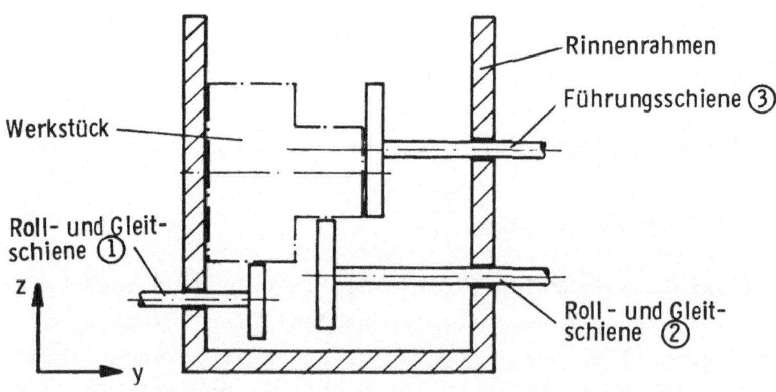

Bild 45: Prinzipieller Aufbau des Roll- und Gleitkanals

Die Roll- und Gleitschiene ①, ② und die Führungsschiene ③ müssen an die unterschiedlichen Werkstückmerkmale angepasst werden können.

In dem morphologischen Kasten (Bild 46) sind Lösungsmöglichkeiten zur Verstellung dieser Elemente aufgezeigt, bewertet und die dick umrandeten Lösungen für die weitere, konstruktive Ausarbeitung ausgewählt worden.

VERSTELL-ELEMENT	VERSTELL-RICHTUNG	ANPASSUNG AN WERKSTÜCK	LÖSUNGSALTERNATIVE				
			1	2	3	4	5
Führungs-schiene ③	Horizontal	Breite	Stellschraube	Kontermutter	Feststell-schraube	Spindel-verstellung	Führungs-buchse mit Feststell-schraube
Roll- und Gleitschiene ①, ②	Horizontal	Form Schwerpunkt	Stellschraube	Schraub-verstellung	Führungs-buchse mit Feststell-schraube	Klemmleiste	Spindel-verstellung
	Vertikal	Form Durchmesser	Schienen mit unterschied-lichen Höhen	Schraub-verstellung	Spindel-verstellung		

Bild 46: Morphologischer Kasten für die Verstellelemente der flexiblen Zuführrinne

5.4.3.2 Flexible Zuteilelemente

Die zur Anpassung an die verschiedenen Werkstückmerkmale erforderlichen Verstellmöglichkeiten der Zuteilelemente in den in Bild 43 gekennzeichneten Wirkrichtungen, zeigt Bild 47.

Anpassung an Werkstück-	Verstellmöglichkeit			
	X-Richtung	Y-Richtung	Z-Richtung	Sonstige
Geometrie (Form)		Wirkrichtung der Zuteilelemente		Greifbacken
Breite		Zuteilelemente ① - ⑥		
		Seitenwand der Rinne		
Länge	Zuteilelemente ① - ⑥			
Höhe Durchmesser			Zuteilelemente ① - ⑥	
Masse				Haltekraft der Zuteilelemente
Reibungsbeiwert				Rinnenneigung
Orientierung				Greifbacken

Bild 47: Verstellmöglichkeiten der Zuteilelemente

Zur Realisierung dieser Verstellmöglichkeiten sind in Bild 48 Lösungsalternativen zusammengestellt und nach den Kriterien Umrüstzeit, Flexibilität, Kosten, Funktionssicherheit und Verschleiß bewertet, und die dick umrandeten Lösungselemente ausgewählt worden.

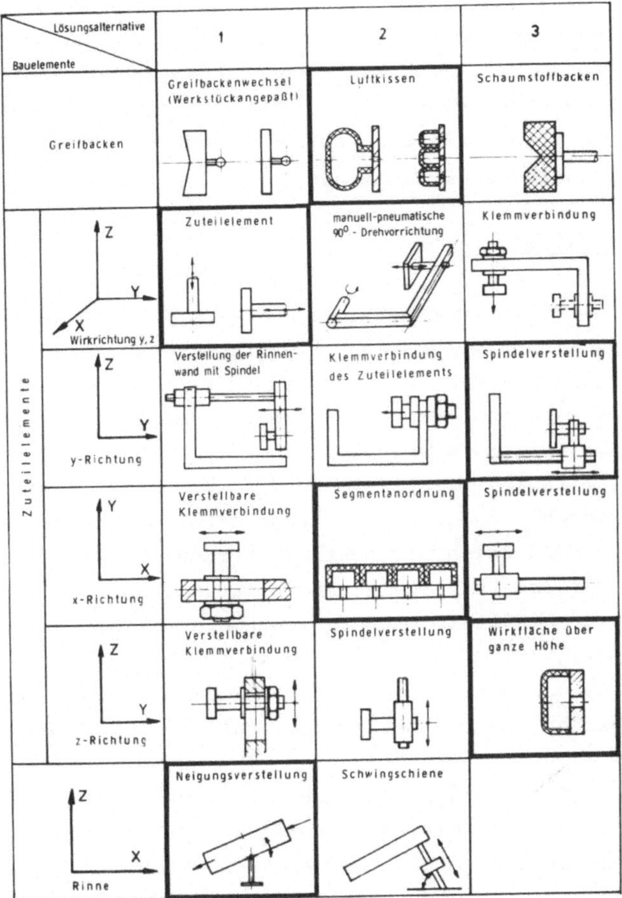

Bild 48: Lösungsalternativen für die flexiblen Zuteilelemente

Die in x-Richtung angeordneten Zuteilelemente bestehen aus getrennt ansteuerbaren Luftkissensegmenten, die unter Druckbeaufschlagung sich in y-Richtung ausdehnen, und das sich in diesem Bereich befindliche Werkstück spannen. Dies erfordert eine genaue Einstellung der Kanalbreite, die über eine Verstellspindel der Zuteilplatte, auf der die Membranelemente angeordnet sind, erreicht wird.

In Versuchen über die Formstabilität, die elastische und bleibende Dehnung bei unterschiedlicher Druckbeaufschlagung von verschiedenen Luftkissensegmenten, wurde die Art, die Form und Anordnung der Membranelemente bestimmt. Zur Untersuchung wurde ein Faltenbalg, eine Formmembran, eine Noppenplatte und eine Lochplatte mit runden, linienhaft angeordneten Membranelementen, die sich als geeignetste Lösung erwies, herangezogen.

5.4.3.3 Sensorstation

Bei Werkstücken, deren geometrischer Mittelpunkt (Schwerpunkt des Umhüllungskörpers) und deren Massenschwerpunkt nahezu zusammenfallen, so daß sie mit mechanischen Ordnungselementen nicht eindeutig geordnet werden können, müssen durch den Einsatz geeigneter Sensoren die Orientierung überprüft und die noch möglichen undefinierten Freiheitsgrade beseitigt werden. Innerhalb der Zuteileinrichtung muß jedoch nur die Orientierung eines Werkstückes senkrecht zu seiner Förderrichtung bestimmt werden. Dies kann durch die Bestimmung der Grösse der jeweiligen Werkstückflächen oder durch gezielte Abfrage nach bestimmten Formmerkmalen erfolgen.

Zur Erkennung der Orientierung und der Position eines Werkstückes können nicht berührende und berührende (taktile) Sensoren eingesetzt werden.
Die Anwendungsgrenzen werden von ihrem Auflösungsvermögen und den Umgebungseinflüssen bestimmt, die am Einsatzort vorliegen. Die Anwendungsgrenzen von z.B. optischen Sensoren mit hohem Auflösungsvermögen liegen dort, wo zum einen keine ausreichenden Beleuchtungsverhältnisse realisiert, zum anderen, wenn die Werkstückmerkmale (z.B. Kerbe, Sackloch) nicht oder nicht kontrastreich genug abgebildet werden können. Beide Negativ-Voraussetzungen liegen am Einbauort des Sensors in der flexiblen Zuteileinrichtung vor.
Das geringe Auflösungsvermögen nichtoptischer Sensoren ist darin begründet, daß aufgrund ihrer Baugrösse kein genügend feines Raster (Matrix) aus den einzelnen Sensoren aufzubauen ist.
Die Lösung dieses Problems erfolgt durch die Kombination eines Taststiftes als Signalaufnehmer und einer druckempfindlichen Kunststoff-Folie als Signalwandler /4o/.

Diese elastomere Kunststoff-Folie ändert unter einer punktförmigen Druckbelastung partiell ihren elektrischen Widerstand zwischen 1oΩ und o,1Ω und wird dadurch an dieser Stelle leitend. Der Einflußradius beträgt ca. 1,2 mm. Dieser physikalische Effekt wurde zum Bau eines Sensors mit 26 x 22 Sensorelementen in einem Feld von 78 x 66 mm ausgenutzt. Der Abstand zwischen den Sensorpunkten beträgt 3 mm. Bild 49 zeigt den Aufbau eines Sensorelementes.

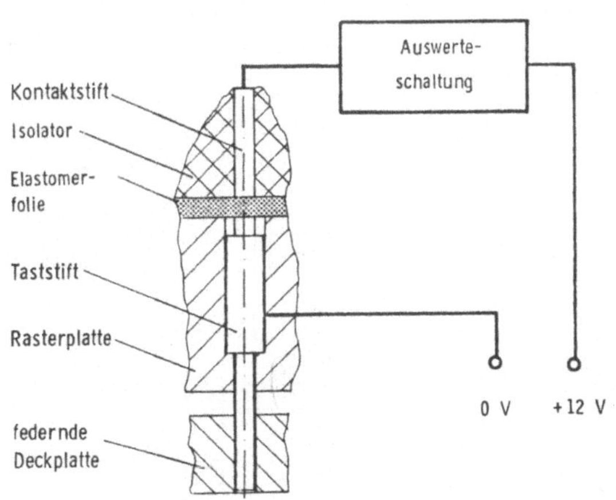

Bild 49: Aufbau eines Sensorelementes

Durch die elastische Eigenschaften des Kunststoffes ist zur Rückfederung des Taststiftes kein zusätzliches Federelement erforderlich, so daß trotz der hohen Anzahl an Taststiften eine kostengünstige Lösung realisierbar ist.

Die Signalverarbeitung erfolgt in einer Auswerteschaltung, die die Ströme der durch ein Werkstück belasteten Rasterpunkte bei gleichem Durchschaltwiderstand aufaddiert und sie mit einer einstellbaren Schwelle vergleicht, die bei einer der beiden möglichen Orientierungen über- oder unterschritten wird.

5.4.3.4 Konstruktiver Gesamtaufbau der Zuteileinrichtung

Die Kombination der ausgearbeiteten Prinziplösungen für die drei Teilsysteme führt unter Berücksichtigung der aufgestellten Rand- und Verträglichkeitsbedingungen auf den in Bild 5o gezeigten Gesamtaufbau.

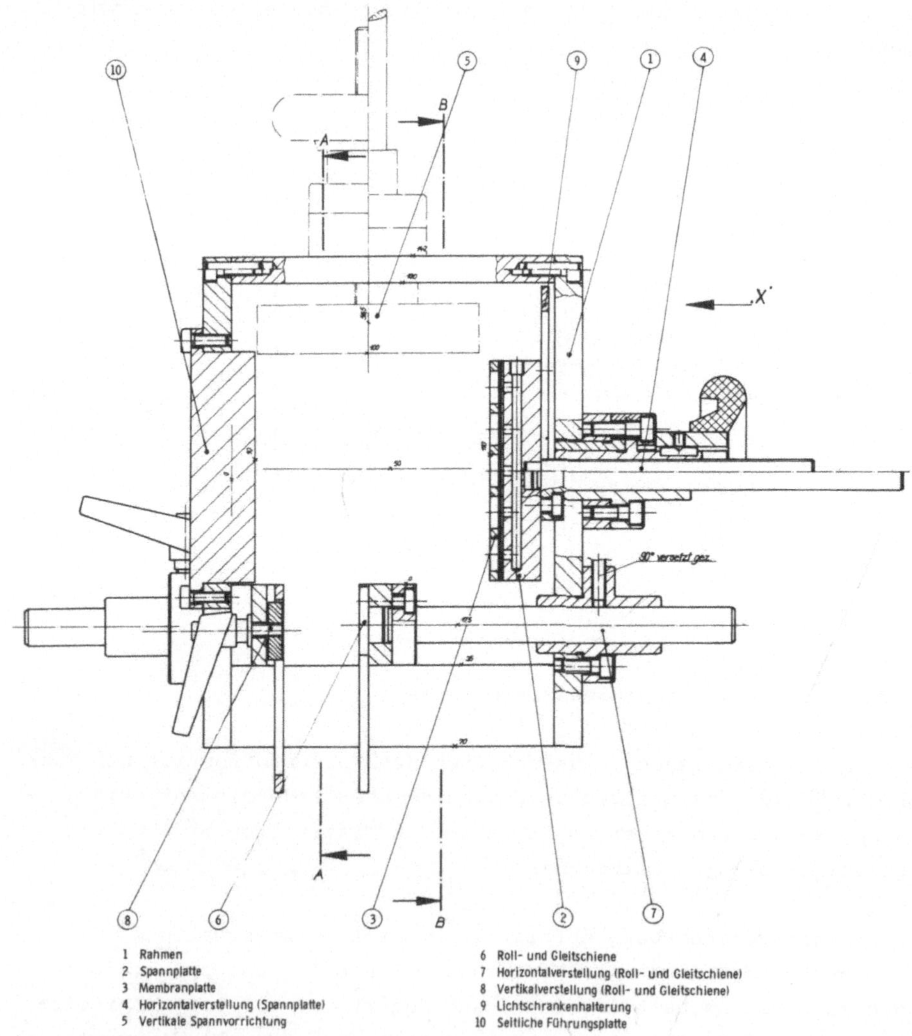

Bild 5o: Konstruktiver Gesamtaufbau der flexiblen Zuteileinrichtung

Er zeigt die horizontal und vertikal verstellbaren Gleit- und Rollschienen, den Aufbau der Sensorplatte und die horizontal verstellbare Zuteilplatte mit den vertikal angeordneten runden Membranelementen. Die Konstruktion sieht vor, daß die Zuteilplatte auch vertikal eingebaut werden kann.

6 Versuchseinrichtungen

6.1 Baugruppen des Ordnungssystems

6.1.1 Flexibler Schleppkettenförderer

Das Prinzip der Versuchseinrichtung ist in Kap. 5.4.1 beschrieben. Bild 51 zeigt den Versuchsaufbau mit der Zuführrinne und der flexiblen Zuteileinrichtung.

Bild 51: Flexibler Schleppkettenförderer

Die Bunkergeometrie wird an Handrad 1 und 2 verstellt. Der Abstand zwischen Bunker und Austragsband wird mit dem Handrad 3 eingestellt. Die Neigung des Plattenaustragbandes kann mit dem Handrad 4 zwischen 6o Grd und 9o Grd variiert werden. Das Austragsband wird von einem Elektrogetriebemotor angetrieben und seine Geschwindigkeit ist zwischen 0 und $18\frac{m}{min}$ stufenlos regelbar. Der Werkstückaustrag erfolgt seitlich über eine Austragsleiste. Die Formleisten, die Austragleiste und die Zuführrinne können in ihrer Neigung zwischen 2o Grd und 35 Grd verstellt werden. Über der Austragsleiste ist ein höhenverstellbarer Abweiser installiert, der evtl. noch falsch orientierte Werkstücke abweist, die über ein Rutschblech in den Bunker zurückgeführt werden.

6.1.2 Flexible Zuteileinrichtung

In der flexiblen Zuteileinrichtung (Bild 52) werden die in der Zuführrinne gespeicherten Werkstücke vereinzelt. Sie ist am Ende der Zuführrinne installiert.

Bild 52: Flexible Zuteileinrichtung

Die Klemmung der Werkstücke erfolgt pneumatisch mit runden Membranelementen. Die Betätigung der Klemmelemente , d.h. die Auslösung des Vereinzelungsvorganges wird durch eine Lichtschranke gestartet. Die Zuteilplatte ist mit drei Klemmflächen mit je fünf Membranreihen ausgerüstet. Die erste Klemmfläche hält den in der Zuführrinne gespeicherten Werkstückstrom, und gibt bei Bedarf jeweils ein Werkstück frei. Die zweite Klemmfläche dient als Ausgleichsfläche. Durch die reihenförmige Anordnung der Membranelemente kann durch Zu- oder Abschalten einer oder mehrerer Membranreihen die Anpassung an unterschiedliche Werkstücklängen erfolgen. Im dritten Klemmfeld ist eine taktile Sensorplatte (Bild 53) zur Bestimmung der Position und Orientierung der vereinzelten Werkstücke eingebaut. Die Sensorplatte besitzt ein Matrixfeld von 26 x 22 dicht beieinanderliegenden Schaltpunkten.

Bild 53: Taktile Sensorplatte

Sie ist so gebaut, daß die Taststifte in einer beweglichen Deckplatte versenkt sind, so daß die Werkstücke im ungespannten Zustand ungehindert gleiten oder rollen können.
Beim Anpressen eines Werkstückes durch die Membranelemente an die Sensorplatte wird diese mit dem Werkstück soweit zurückbewegt, bis die Taststifte frei sind und auf das Werkstück ansprechen können.

6.1.3 Programmierbares Handhabungsgerät mit Sensor

Die Werkstücke,die durch Formmerkmale z.B. Längsnut, exzentrische Bohrung nicht rotationssymmetrisch sind, müssen noch in ihrem Drehfreiheitsgrad um die Rotationsachse des Umhüllungskörpers geordnet werden (Og 3.2→Og 3.3).
Dazu wird eine hochgenaue Reflexionslichtschranke, die unter der Werkstückaufnahme installiert ist und die A-Handachse eines Industrieroboters (Typ PPI- PM 12) eingesetzt.
Der Ordnungsvorgang erfolgt dadurch, daß der Greifer des Industrieroboters das Werkstück greift, und in einem bestimmten Abstand über der Werkstückaufnahme das Werkstück so lange dreht, bis die Reflektionslichtschranke auf das entsprechende Formmerkmal anspricht.
Das Werkstück wird wieder abgesetzt und der Greifer fährt in seine Ausgangsstellung zurück, um das Werkstück in seiner exakten Orientierung neu zu greifen. Das Programmschema zum Funktionsablauf des Industrieroboters zeigt Bild 54.

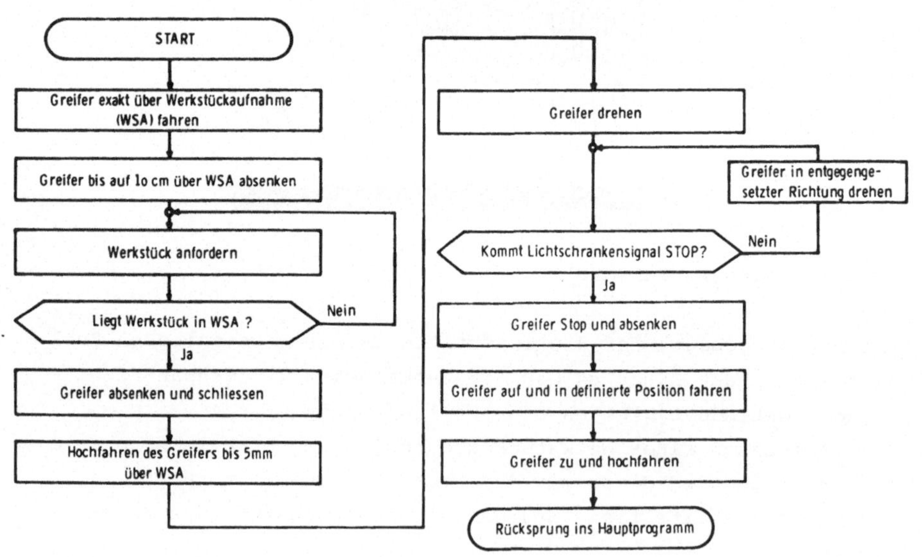

Bild 54: Unterprogramm "Orientieren" des PPI - PM 12

6.1.4 Flexibler Vibrationswendelförderer

Den Aufbau des Ordnungssystems mit dem flexiblen Vibrationswendelförderer zeigt Bild 55.

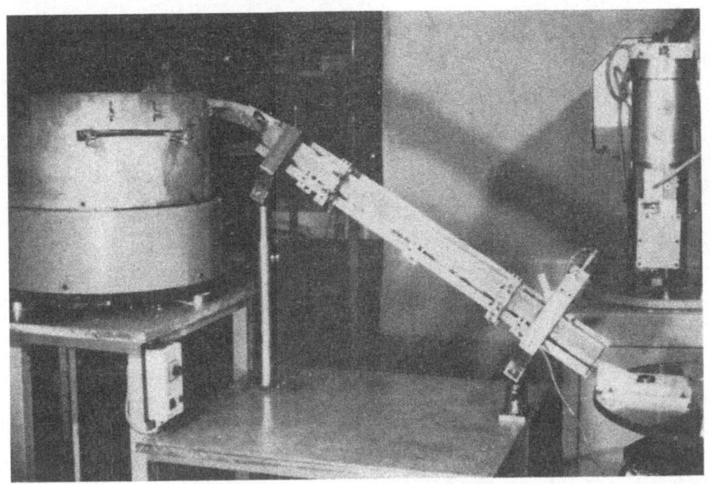

Bild 55: Flexibler Vibrationswendelförderer

Der Einbau der drei Ordnungselementstationen erfolgte jeweils über den Federanlenkpunkten, die unter einem Winkel von 12o Grd angeordnet sind. Diese Anordnung ergab sich aus der schwingungstechnischen Analyse /39/ des Gerätes. An diesen Punkten war der Einfluß von Störungen (z.B. Ausschnitt aus der Wendel, zusätzliche Massen) auf das Schwingungsverhalten der Förderbahn am geringsten.

Bild 56 zeigt den Aufbau der flexiblen Ordnungselemente.
Durch Kombination mehrerer Ordnungselemente und durch ihre Austauschbarkeit konnte die Anzahl der Ordnungselementstationen auf drei beschränkt werden.

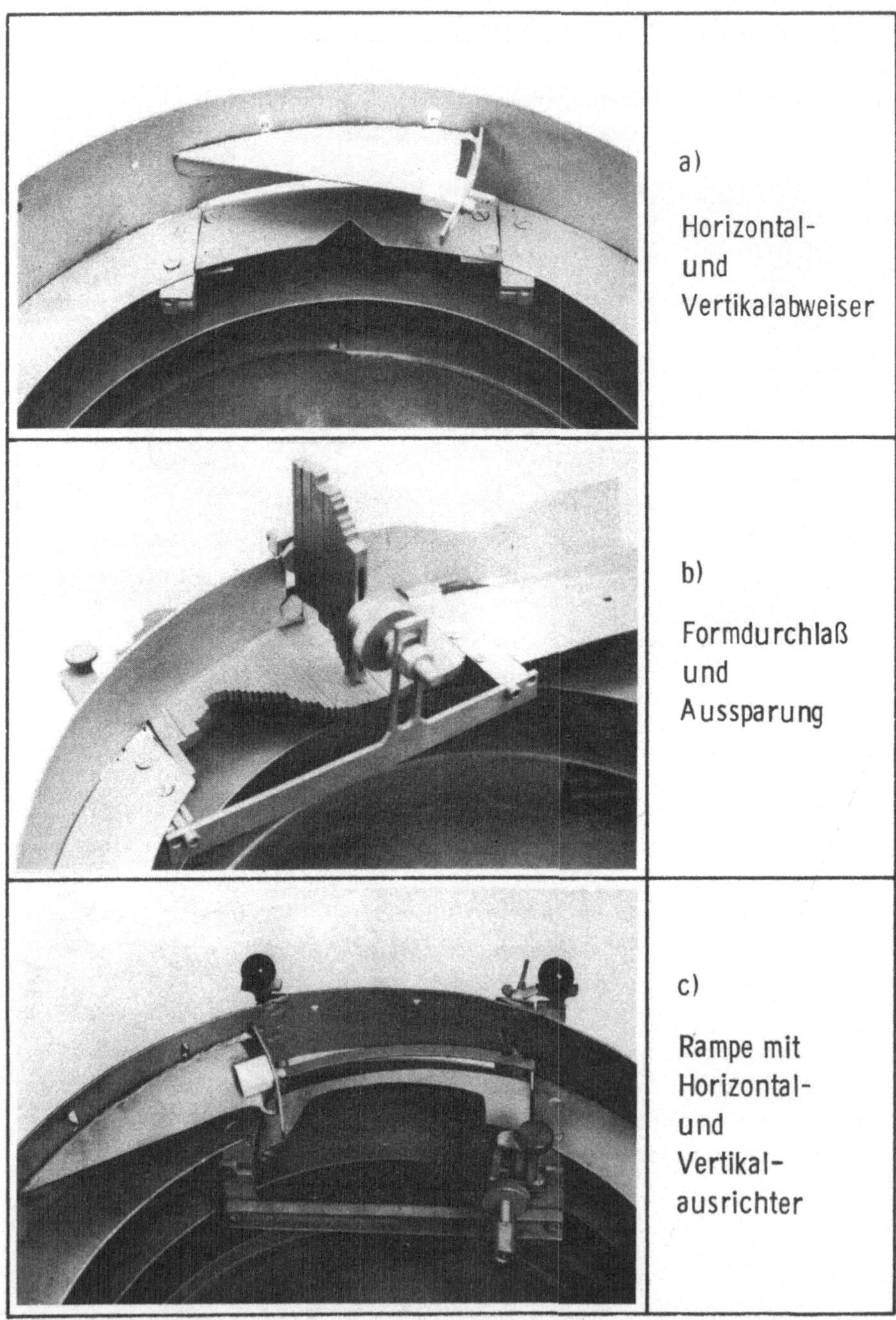

Bild 56: Ausführungsformen der flexiblen Ordnungselemente

Bild 56a zeigt den Horizontal- und Vertikalabweiser über einer einfachen Form der Aussparung, die speziell für rotationsförmige Flachteile eingesetzt werden kann (siehe Bild 57) bzw. die Wirkung des Horizontalabweisers unterstützt.
Bild 56b zeigt eine Kombination der Aussparung und des Formdurchlasses. Mit dieser Ausführung der Aussparung können alle in Bild 31 beschriebenen Ordnungsaufgaben realisiert werden. Damit die Werkstücke ungehindert über dieses Ordnungselement gefördert werden können, sind die Schmalseiten der einzelnen Zungen ballig ausgeführt.
Bild 56c zeigt die Kombination der Rampe mit einem Horizontal- und Vertikalausrichter. Durch eine geteilte Bauweise der Rampe, die getrennt in Förderrichtung hochgestellt werden kann bzw. senkrecht zur Förderrichtung auch noch verschiebbar ist, kann dieses Ordnungselement als Rampe oder als Vertikalausrichter eingesetzt werden.

6.2 Versuchsaufbau zur Erprobung der Gesamtsysteme

Zur Erprobung der Ordnungssysteme wurde ein Pilotarbeitsplatz zur automatischen Beschickung einer Bohrmaschine aufgebaut /41/. Der Arbeitsinhalt entspricht dem eines realen industriellen Bohrarbeitsplatzes. Er ist charakterisiert durch geringe Losgrössen (2oo bis 25oo Stück/Los), durch geringe Loshäufigkeit (durchschnittlich 3 Lose/Jahr), und eine daraus resultierende Werkstückvielfalt. Eine Übersicht über das Werkstückspektrum und die Fertigungsaufgaben dieses Arbeitsplatzes zeigt Bild 57.

Werkstückspektrum		Fertigungsmerkmale				Werkstückmerkmale						
Bezeichnung	Abbildung	Vorgabezeit $\left[\frac{min}{Stck}\right]$	zu bohrende Löcher Anzahl	Bohrungs-durchmesser [mm]	<zw. den Mittelloten der Bohrungen	Verhaltenstyp	Ordnungs-merkmale	WS-Länge [mm]	$\frac{L}{D}$	Schwerpkt.-Koordinaten $\frac{Us}{d}$	$\frac{Vs}{d}$	$\frac{Ws}{d}$
Stellring		0,365	1	5,2		Flachteil	Rotations-symmetrie	9	0,264	0,5	0,5	0,5
Exzenter		0,700	2	5,2	120^0	Flachteil	exzentr. Ansatz, exzentr. Bohrung	15	0,416	0,5	0,58	0,45
Gleitring		0,375	3	2,5	3×90^0	Flachteil	exzentr. Ansatz, exzentr. Bohrung	14,2	0,465	0,58	0,58	0,34
Buchse		0,450	2	6,5	120^0	Zylinderteil	axiale Bohrung Ringnut	80,5	3,65	0,5	0,5	0,52
Exzenter		0,400	2	5,2		Zylinderteil	exzentr. Bohrung	35	1,25	0,5	0,54	0,5
Reibrad		0,315	2	5,2	20^0	Kegelteil	symm. kegeliger Ansatz	16,5	0,559	0,5	0,5	0,42
Exzenter		0,475	2	6,8	120^0	Pilzteil	Nut	35,5	0,986	0,5	0,5	0,34
Buchse		0,298	2	5,2	120^0	zusammengesetztes Formteil	Nut symmetrisch	28	1,55	0,5	0,5	0,49
Exzenter		0,350	2	5,2	120^0	zusammengesetztes Formteil	exzentr. Bohrung, exzentr. Ansatz, Nut	38	1,25	0,5	0,48	0,5
Exzenter		0,475	2	6,8	120^0	zusammengesetztes Formteil	exzentr. Bohrung, exzentr. Ansatz, Nut	25,5	0,772	0,5	0,55	0,27
Distanzbuchse		0,298	2	5,2	120^0	zusammengesetztes Formteil	Rotations-Symmetrie	34,5	1,15	0,5	0,5	0,28

Bild 57: Fertigungsaufgaben an einem industriellen Bohrarbeitsplatz

6.2.1 Maschinenaufstellung

Die realisierte Maschinenaufstellung zeigt Bild 58.
Zur Verkettung der zwei Ordnungssysteme wird ein Rundschalttisch mit variabler Teilung eingesetzt, auf dem die Werkstückaufnahmen installiert sind.
Die Palettenzu- und -abfuhr ist nur im Bereich der Bohrmaschine automatisiert und das Abnehmen der beladenen Palette erfolgt manuell.

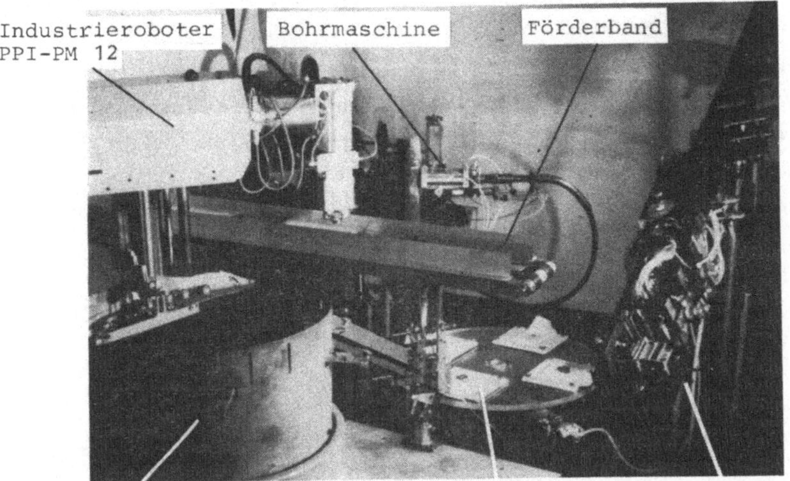

Bild 58: Maschinenaufstellung des Bohrarbeitsplatzes

6.2.2 Steuerung des Gesamtsystems

Zur steuerungstechnischen Koppelung der verschiedenen Komponenten des Versuchsaufbaus wird eine programmierbare Steuerung eingesetzt, so daß die Versuchsabläufe (z.B. bei Werkstückwechsel, alternativer Einsatz der zwei Ordnungssysteme) schnell verändert werden können.
Programmiert wird die Steuerung über ein Programmiergerät mit einem Datensichtschirm auf dem die Verknüpfung der Ein- und Ausgänge mit Hilfe von Stromlaufplansymbolen dargestellt wird. Zur Dokumentation können die Programme in Form von Stromlaufplänen ausgedruckt bzw. auf Kassetten übertragen werden.

7 Versuchsergebnisse

7.1 Umfang der Untersuchungen

Zur Bestimmung der Funktionsfähigkeit der flexiblen Ordnungselemente und zur Überprüfung der theoretisch ermittelten Einstellparameter dieser Elemente, wurde das Werkstückspektrum des Bohrarbeitsplatzes (Bild 57) wesentlich erweitert. Es umfasste ca. 5o verschiedene prismatische und rotationsförmige Werkstücke mit den in Bild 33 angegebenen Abmessungsgrenzen.
Der Anteil der rotationsförmigen Werkstücke betrug dabei 65%.

Es wurde versucht, die Abhängigkeit der Geräteparameter von bestimmten Werkstückmerkmalen durch experimentelle Untersuchungen herzustellen, und sie mit den theoretisch ermittelten Einstellparametern zu vergleichen. Bild 59 zeigt die zu diesen Untersuchungen eingesetzten Ordnungselemente und die dabei benützten Untersuchungsparameter auf. Für die weiteren Elemente des Ordnungssystems wurde eine Funktionsüberprüfung der Funktionsträger durchgeführt /42/.

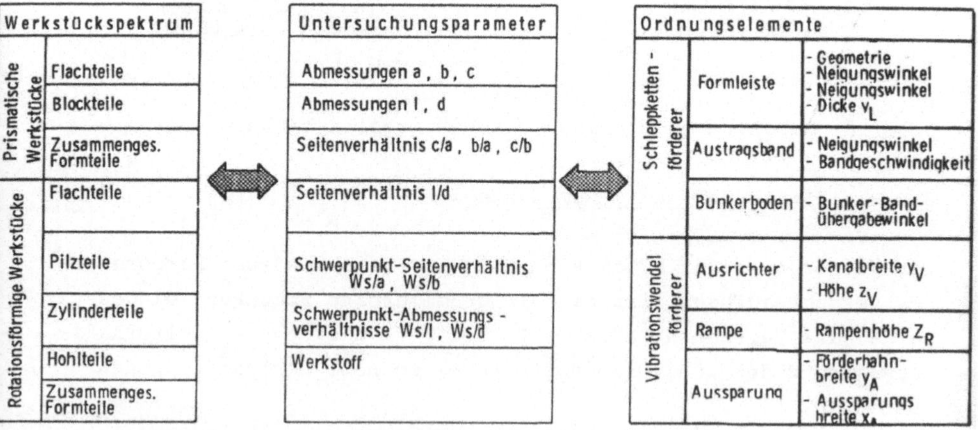

Bild 59: Zusammenstellung der Untersuchungsparameter und der untersuchten Ordnungselemente

7.2 Schleppkettenförderer

Die Untersuchung des flexiblen Schleppkettenförderers umfaßt die flexibilitätsbestimmenden Baugruppen:
Formleiste, Bunker und Austragsband.
Sie wurde in folgenden Schritten durchgeführt:

1. Bestimmung der Leistengeometrie
2. Bestimmung des Leistenneigungswinkels α_L
3. Bestimmung der Leistendicke y_L
4. Bestimmung des optimalen Betriebspunktes des Gerätes durch Verändern des Bandneigungswinkels γ und des Bunker-Bandübergabewinkels β bei verschiedenen Bandgeschwindigkeiten.

In Bild 6o ist diese Vorgehensweise dargestellt. Der optimale Betriebspunkt ist dann erreicht, wenn die Austragsleistung über eine bestimmte Zeitdauer (hier 3 min) ein Maximum erreicht hat. Um gleiche Versuchsbedingungen zu erhalten, wurde jeweils von einem Bunkerinhalt von ca. 15o Werkstücken/Werkstücktyp ausgegangen.

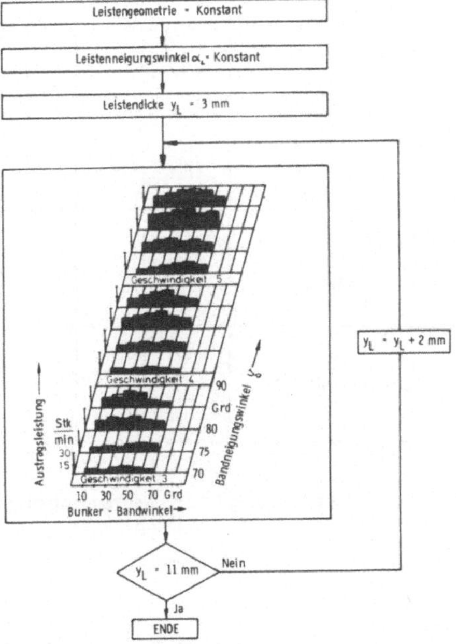

Bild 6o: Vorgehensweise zur Bestimmung des optimalen Betriebspunktes eines Schleppkettenförderers

7.2.1 Formleiste

Die Geometrie der Formleiste ist durch ihren konstruktiven Aufbau weitestgehend vorgegeben. Eine Anpassung der Formleiste an die Werkstückkontur ist nur bei Werkstücken notwendig, die einen Flansch aufweisen, und deren Flanschdicke (l) kleiner als der minimale Schwerpunktsabstand (u_S) in u-Richtung ist. Als Bezugsgrösse für die Bestimmung der Leistendicke y_L und des Neigungswinkels γ_L muß dann der Werkstückdurchmesser am Auflagepunkt des Werkstückes auf der Formleiste herangezogen werden.

Die Bestimmung des optimalen Leistenneigungswinkels α_L erfolgte über die Bestimmung der maximalen Austragsleistung bei unterschiedlichen Winkelstellungen und bei einer konstanten, mittleren Bandgeschwindigkeit V_4. Die Ergebnisse sind in Bild 61 zusammengefaßt.

Bewegungszustand auf der Formleiste	Werkstücktyp		Leistengeometrie	Leistenneigungswinkel α_L (Grd)	
rollen	rotationsförmige Werkstücke $\frac{w_{Smin}}{d} > 0,5$	ohne Flansch		20	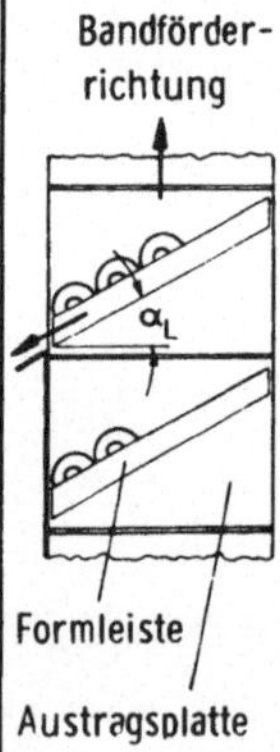 Bandförderrichtung α_L Formleiste Austragsplatte
		mit Flansch $w_{Smin} > l_{Fl.}$		20 bis 35	
gleiten	rotationsförmige Werkstücke $\frac{w_{Smin}}{d} > 0,5$			35	
	prismatische Werkstücke		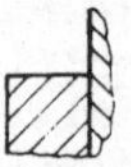	35	

Bild 61: Ergebnisse zur Bestimmung der Leistengeometrie und des Leistenneigungswinkels α_L

Entsprechend der in Bild 59 durchgeführten Klassifizierung des Werkstückspektrums wurden die Leistendicke Y_L und der Leistenneigungswinkel γ_L in Abhängigkeit der Werkstückparameter $\frac{u_S}{d}$, d, $\frac{b}{a}$ und a bestimmt.

Die Versuchsdurchführung erfolgte bei einer mittleren Bandgeschwindigkeit V_4. Die Leistenbreite wurde schrittweise von 3-11 mm erhöht und jeweils der Leistenneigungswinkel γ_L, der gleichzeitig dem Bandneigungswinkel entspricht, ermittelt. Dazu wurde die Bandneigung einmal von 6o Grd bis 9o Grd so lange hochgestellt, bis die Werkstücke, die in der geforderten Orientierung auf der Formleiste lagen, von dieser in den Bunker zurückfielen; zum anderen wurde die Bandneigung von 9o Grd bis 6o Grd so lange verstellt, bis die Werkstücke in der geforderten Orientierung auf der Formleiste liegen blieben. Als Meßergebnis wurde der Mittelwert beider Meßwerte genommen.
In Bild 62a und b sind die anhand Kap. 4.5.2 berechneten Grenzkurven und die Meßergebnisse für rotationsförmige und in Bild 62c und d für prismatische Werkstücke aufgetragen. Die gemessenen Werte liegen dabei für rotationsförmige Werkstücke ca. 5% unter der Grenzkurve. Bei den prismatischen Werkstücken liegen die Werte bei niedrigen Leistenneigungswinkeln geringfügig etwas über der Grenzkurve, was auf eine etwas größere Orientierungsstabilität der prismatischen Werkstücke auf der Formleiste zurückzuführen ist.
Als weiteres Ergebnis der Untersuchung ist festzuhalten, daß Werkstücke mit einem $w_S/d \simeq 0{,}5$ sich mit der Formleiste nicht eindeutig ordnen lassen.

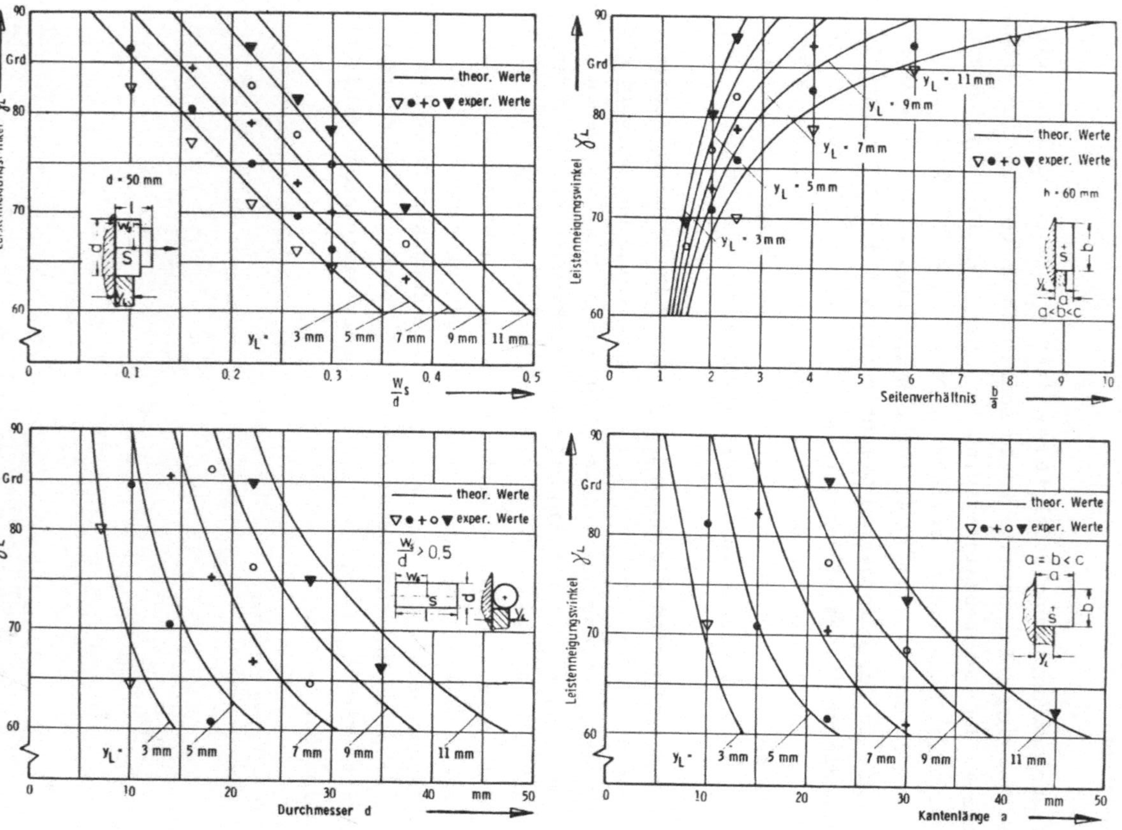

Bild 62: Grenzkurven und Meßergebnisse zur Bestimmung der Einstellparameter der Formleiste

7.2.2 Bunkerboden

Der Übergangsbereich zwischen dem Bunker und dem Austragsband hat einen entscheidenden Einfluß auf die Austragsleistung. Bei ungünstiger Stellung der Bunkergeometrie kann sie gegen null gehen. Die Optimierung des Bunker-Bandübergabewinkels β wurde entsprechend der in Bild 6o dargestellten Vorgehensweise für rotationsförmige und prismatische Werkstücke durchgeführt.
In Bild 63 sind die Versuchsergebnisse über dem l/d-Verhältnis für rotationsförmige Werkstücke und über dem b/a-Verhältnis für prismatische Werkstücke aufgetragen.

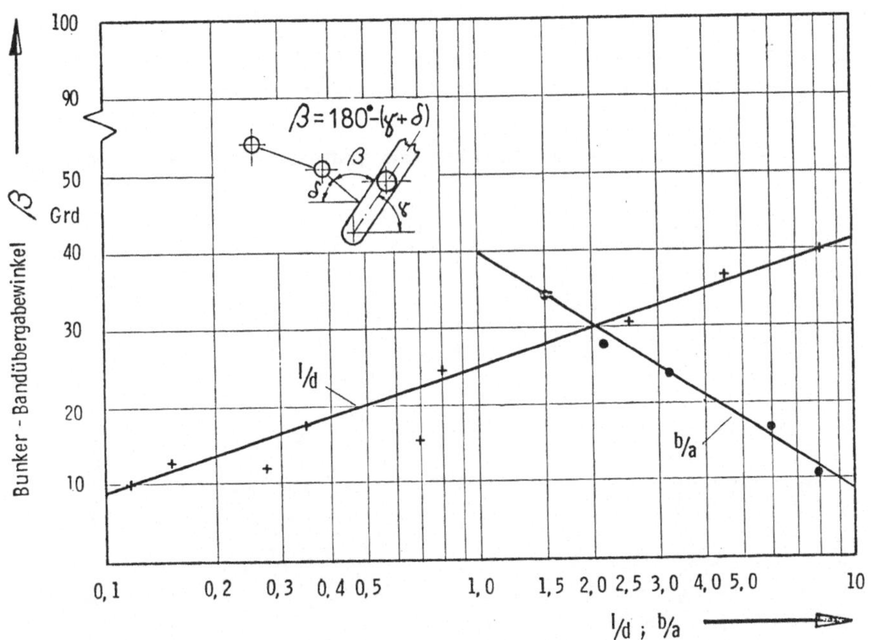

Bild 63: Abhängigkeit des Bunker-Bandübergabewinkels β vom l/d und b/a -Verhältnis

7.2.3 Austragsband

Ein weiterer wichtiger, die Austragsleistung eines Gerätes beeinflussender Geräteparameter ist die Bandgeschwindigkeit. Die Auswertung der Versuchsergebnisse mit realen Werkstücken mit dem Ziel, einen funktionalen Zusammenhang zwischen der Austragsleistung, der Bandgeschwindigkeit und bestimmter Werkstückparameter herzustellen, konnte nicht durchgeführt werden. Die Untersuchung der Einflüsse bestimmter Werkstückparameter (z.B. Geometrie, Masse, Werkstoff, Abmessungsverhältnisse, Anzahl stabiler Orientierungen) führte zu keinen allgemeingültigen Aussagen.
Daher wurden zur Ermittlung des Einflusses des auf die Austragsleistung wichtigsten Parameters (die maximale Werkstückabmessung) Versuche mit idealen Werkstücken (rotationsförmige Flach- und Langteile) und mit unterschiedlichen Bandgeschwindigkeiten durchgeführt.
In Bild 64a und b sind die Ergebnisse graphisch dargestellt.

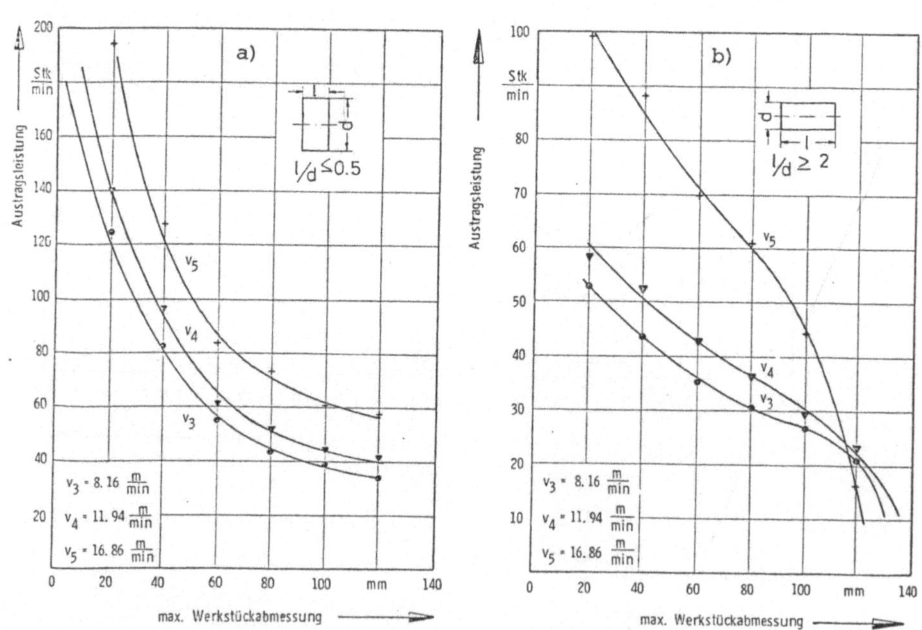

Bild 64: Abhängigkeit der Austragsleistung von Bandgeschwindigkeit und der maximalen Werkstückabmessung

Kennzeichnend ist, daß bei Langteilen mit grösser werdenden Abmessungen und mit steigender Bandgeschwindigkeit die Austragsleistung abnimmt. Dieses Ergebnis deckt sich auch mit den mit realen Werkstücken erhaltenen Resultaten. Dieser Effekt ist auch bei Flachteilen, jedoch erst ab grösseren Abmessungen und Werkstückmassen zu beobachten.

7.3 Vibrationswendelförderer

Die Versuche zur Ermittlung des funktionalen Zusammenhanges zwischen den Einstellparametern der Ordnungselemente Ausrichter, Rampe und Aussparung wurden in dem in Bild 55 gezeigten Vibrationswendelförderer bei konstanter mittlerer Fördergeschwindigkeit durchgeführt.

7.3.1 Ausrichter

Die Funktion des Ausrichters und die Abhängigkeit der Kanalbreite y_V und der Ausrichterhöhe z_V wurde mit prismatischen Werkstücken an dem Vertikalausrichter untersucht. In Bild 65a ist die Kanalbreite y_V und in Bild 65b die Ausrichterhöhe z_V über dem Kantenverhältnis b/a für Werkstücke mit unterschiedlichen Kantenlängen aus dem Gültigkeitsbereich $\sqrt{3} < b/a < \sqrt{3} + 2$ aufgetragen.

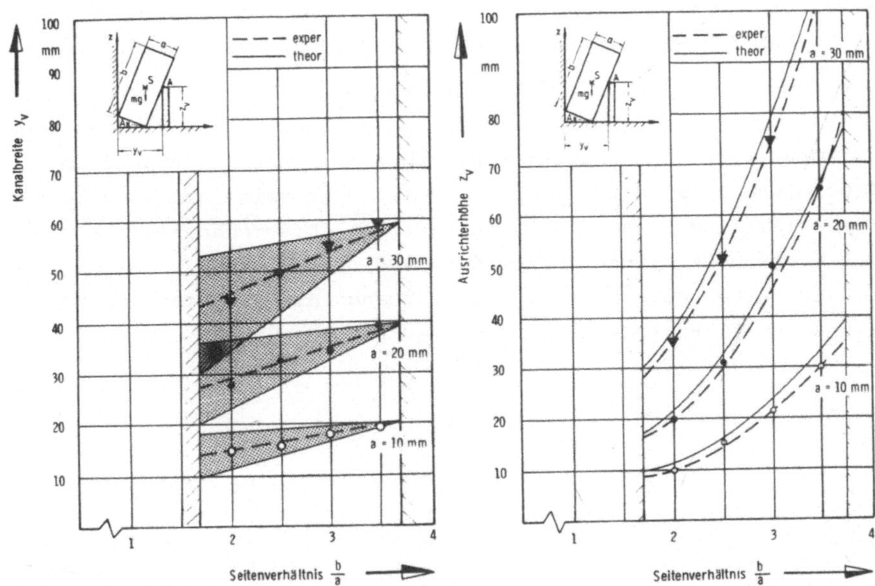

Bild 65: Ermittlung der Kanalbreite y_V und der Ausrichterhöhe z_V in Abhängigkeit von b/a

In Bild 65a sind die berechneten Grenzwerte eingetragen. Die experimentell ermittelten Werte liegen jeweils in der Mitte des Gültigkeitsbereiches. In Bild 65b sind die gemessenen, und die aus den experimentell ermittelten Kanalbreiten y_V berechneten Ausrichterhöhen z_V aufgetragen. Sie weisen dabei nur geringe Abweichungen auf.

Die Diagramme zeigen weiter, daß die Kanalbreite y_V linear mit dem Ansteigen des b/a-Verhältnisses und der Kantenlänge a verläuft, die Ausrichterhöhe z_V dagegen einen exponentiellen Verlauf aufweist.

Eine sichere Funktion dieses Ordnungselementes ist jedoch nur gegeben, wenn ein nachfolgendes Werkstück die Werkstückbewegung in seiner Förderrichtung unterstützt.

7.3.2 Rampe

Die Funktion der Rampe und die Abhängigkeit der Rampenhöhe z_R wurde für rotationsförmige und prismatische Werkstücke experimentell ermittelt. Bei den rotationsförmigen Werkstücken wurden zwei unterschiedliche Ausgangssituationen berücksichtigt.

1. Drehen des Werkstückes von der Stirnfläche auf die Mantelfläche
2. Drehen des Werkstückes von der Mantel- auf die Stirnfläche.

Die Rampenhöhe z_R wurde dabei in Abhängigkeit des Schwerpunktsabstandes w_S von der Auflagefläche und von der Werkstückabmessung in Förderrichtung ermittelt. Die theoretischen und experimentellen Ergebnisse sind in Bild 66a für rotationsförmige und in Bild 66b für prismatische Werkstücke dargestellt. Die rechnerisch ermittelten Rampenhöhen liegen dabei durchweg ca. 8% über den experimentellen Werten. Gleichzeitig konnten auch die Funktionsgrenzen (punktierter Bereich) ermittelt werden.

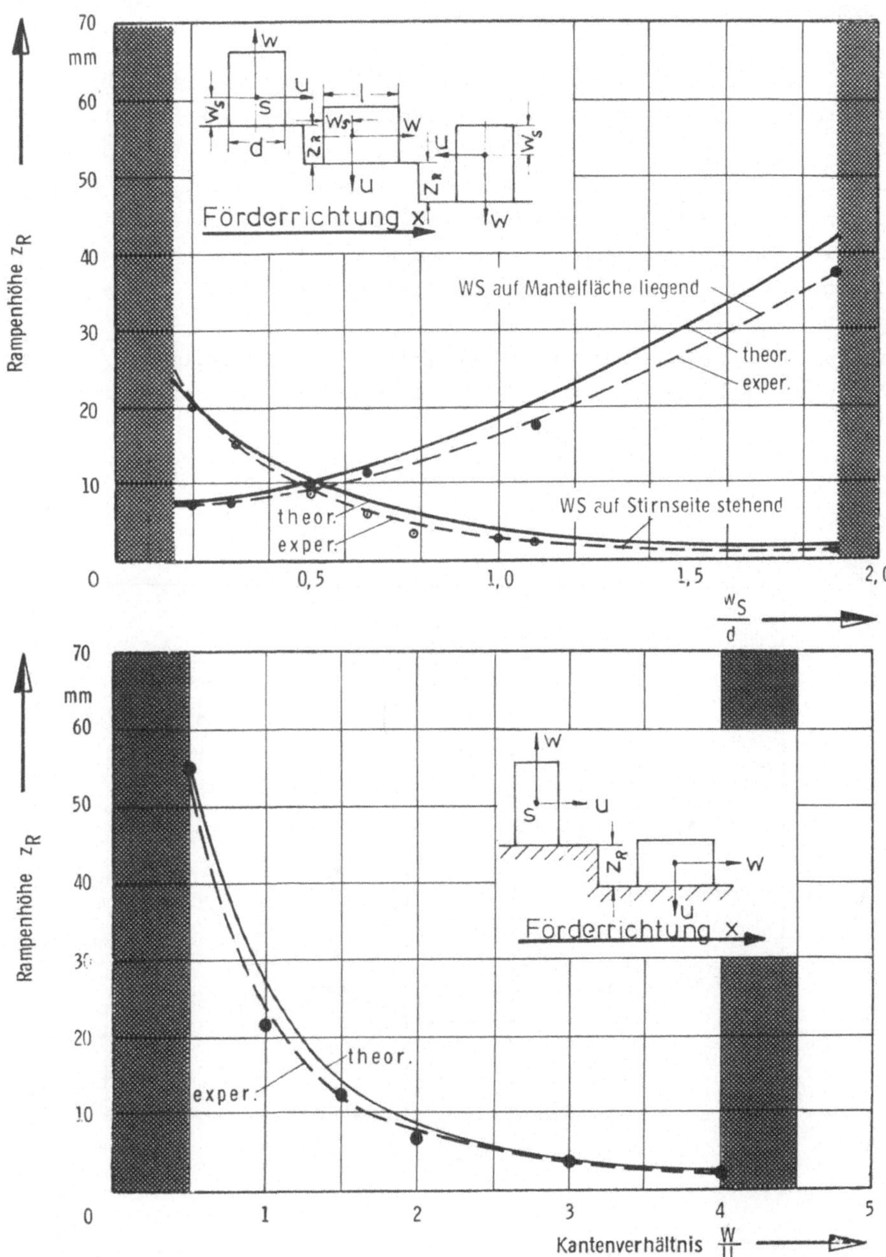

Bild 66: Verlauf der Rampenhöhe z_R für rotationsförmige und prismatische Werkstücke

7.3.3 Aussparung

Für dieses vielseitig einsetzbare Ordnungselement (Bild 56b) wurde die Förderbahnbreite y_F für rotationsförmige Hohlteile in Abhängigkeit des d_a/d_i-Verhältnisses bei Einsatz als 6o Grd - Aussparung, und der Verlauf bzw. der Öffnungswinkel β_A der Aussparung für ein zylindrisches Werkstück (Bild 31, Beispiel 4) ermittelt. In Bild 67 sind für die Werkstücke mit unterschiedlichen Aussen- und Innendurchmessern die Funktionsbereiche für die Förderbahnbreite y_F dargestellt.
Die Funktionspunkte für ein Werkstück mit einem bestimmten Aussen- und Innendurchmesser liegen dabei auf einer horizontalen Linie unter der jeweiligen Grenzkurve.

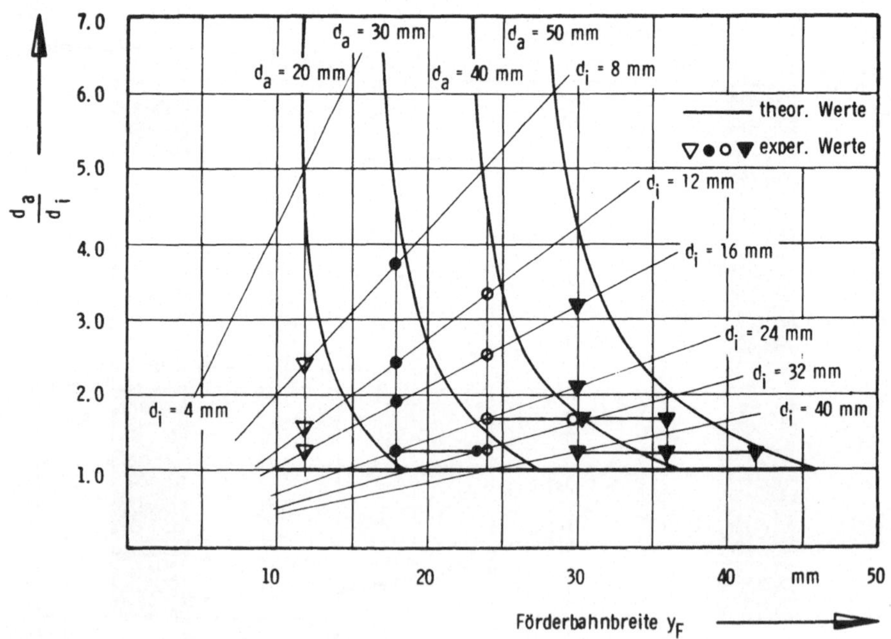

Bild 67: Gültigkeitsbereiche einer 6o Grd-Aussparung für zylindrische Hohlteile

Die Funktion des Ordnungselementes ist dabei um so sicherer gewährleistet, je weiter der Betriebspunkt von der Grenzkurve entfernt liegt.
In Bild 68 ist der Verlauf der Aussparung für ein Werkstück aufgetragen. Er liegt genau im rechnerisch ermittelten Funktionsbereich. Der diskontinuierliche Verlauf ist durch die Einstellung der Verstellzungen bedingt. Damit erhält des Element im Betrieb eine hohe Steifigkeit und damit einen gleichmäßigeren Fördervorgang.

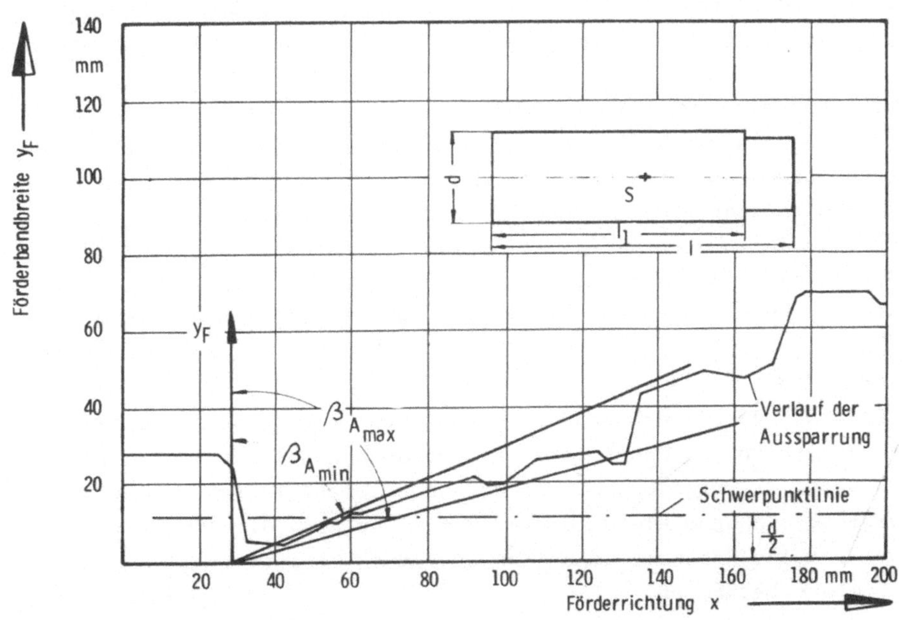

Bild 68: Verlauf der Aussparung

7.4 Vergleich der theoretischen mit den experimentellen Einstellparametern

Ein Vergleich der theoretischen und experimentellen Einstellparametern zeigt, daß die experimentell ermittelten Einstellparameter innerhalb der theoretisch ermittelten Funktionsbereiche (z.B. Ausrichter) liegen. Der theoretische und der experimentelle Verlauf eines Einstellparameters (z.B. Rampenhöhe z_R) weist eine gute Übereinstimmung auf. Die maximalen Abweichungen liegen unter 1o%. Sie sind auf gerätetechnische Ursachen der Versuchseinrichtungen zurückzuführen.

8 Anwendungsmöglichkeiten der flexiblen Ordnungssysteme und der dazu erforderlichen Planungsgrundlagen

Die Entwicklung von flexiblen Ordnungssystemen führte neben einer Verbesserung der Gerätetechnik zu einer Erweiterung ihrer Einsatzmöglichkeiten, zu Planungshilfsmitteln und zu allgemeingültigen Berechnungsgrundlagen für die Auslegung solcher Systeme.

Um entscheiden zu können, welchen Beanspruchungen ein bestimmtes Werkstück in einem automatischen Ordnungssystem ausgesetzt werden kann, ohne daß dabei die Deformationen die zulässigen Rauhtiefen des jeweiligen Bearbeitungszustandes des Werkstückes überschreiten, wurde für die wichtigsten Beanspruchungsarten ein Diagramm entwickelt, in dem in Abhängigkeit relevanter Geräte- und Werkstückparameter die zulässigen Deformationstiefen bestimmt werden können.

Mit Hilfe des Berechnungsverfahrens zur Ermittlung der Orientierungswahrscheinlichkeit und der Zuordnungsmatrix zwischen Ordnungsaufgabe, Ordnungsmerkmal und Ordnungselement lassen sich anhand weniger ordnungsrelevanter Parameter die Art, die Anzahl und die Reihenfolge der zum Ordnen der Werkstücke erforderlichen Ordnungselemente bestimmen.

Der Einsatz von Standardordnungselementen, wie sie im Rahmen dieser Arbeit entwickelt wurden, ermöglicht in der Praxis eine schnelle Anpassung des Ordnungssystems an ein bestimmtes Werkstück oder an ein bestimmtes Werkstückspektrum, sowie eine genauere Kostenabschätzung des dafür erforderlichen Aufwandes, und führt somit zu einer erheblichen Kostenreduzierung.

Mit Hilfe der entwickelten Berechnungsverfahren für die Einstellparameter der Standardordnungselemente und ihrer graphischen Darstellung lassen sich die ausgewählten Ordnungselemente einfach und schnell dimensionieren. Darüberhinaus können die Verstellbereiche von flexiblen Ordnungselementen für ein bestimmtes Werkstückspektrum ermittelt werden.

Mit dem Bau der Versuchseinrichtungen zum Nachweis der Gültigkeit der ausgearbeiteten Berechnungsverfahren und Planungshilfsmittel, sowie zur Erprobung der Standardordnungselemente wurden gleichzeitig konstruktive Lösungsmöglichkeiten für die Erhöhung der Flexibilität der einzelnen Baugruppen eines Ordnungssystems aufgezeigt.

Für eine rechnerunterstützte Auslegung von Ordnungssystemen können in der Zukunft die hier erarbeiteten Berechnungsverfahren und Planungshilfsmittel eingesetzt werden.
Darüberhinaus ist es möglich durch den Einsatz geeigneter Antriebselemente und einer mikroprozessorgestützten Steuerung die flexiblen Ordnungselemente programmgesteuert, aufgrund vorher eingegebener Werkstückinformationen auf ein bestimmtes Werkstück einzustellen, sodaß bei einem Werkstückwechsel kein manuelles Umrüsten mehr notwendig ist.

9 Zusammenfassung und Ausblick

Die Aufgabe der vorliegenden Arbeit bestand darin, einmal den funktionalen Zusammenhang zwischen Ordnungsaufgabe, Werkstück und Ordnungselement aufzuzeigen, zum anderen systematisch Lösungen für die verschiedenen Baugruppen eines flexiblen Ordnungssystems zu entwickeln und sie mit geeigneten Versuchsträgern für ein breites, definiertes Werkstückspektrum zu erproben.

Dazu wurden im ersten Schritt die Art, die Anzahl und die Reihenfolge der möglichen Ordnungsschritte analysiert und eine Ordnungszustandsmatrix entwickelt, mit deren Hilfe sich alle Ordnungszustände, die ein Werkstück beim Ordnen einnehmen kann, eindeutig beschreiben lassen.
Im zweiten Schritt wurden die Eigenschaften und das Verhalten eines Werkstückes untersucht und die ordnungsrelevanten Werkstückmerkmale bestimmt.
Im dritten Schritt wurden die Baugruppen eines Ordnungssystems untersucht, wobei der Schwerpunkt auf die Analyse der Ordnungselemente gelegt wurde. Die Synthese dieser drei Einflußgrößen führte zu einer Zuordnungsmatrix zwischen Ordnungsaufgabe, Werkstückmerkmal und Ordnungselement.

Die Auswertung dieser Untersuchungen ermöglichte die Bildung von sieben Standardordnungselementen, mit denen ein großes Spektrum von Ordnungsaufgaben gelöst werden kann. Sie bildeten die Grundlage für die Entwicklung flexibler Ordnungselemente. Dazu wurden die an diesen Ordnungselementen auftretenden möglichen Werkstückbewegungen in Abhängigkeit der Werkstückmerkmale analytisch beschrieben und ihr Einfluß auf die Verstellparameter der Ordnungselemente ermittelt.
Um geeignete Versuchsträger für den Einsatz dieser flexiblen Ordnungselemente zu finden, wurde eine wertanalytische Betrachtung konventioneller Ordnungseinrichtungen durchgeführt, mit dem Ergebnis, daß der Schleppkettenförderer und der Vibrationswendelförderer sich als gleichwertige Lösungsprinzipien für eine Weiterentwicklung anboten.

Mit Hilfe der Konstruktionssystematik wurden konstruktive Lösungen für die flexiblen Baugruppen der beiden Ordnungssysteme (mit Schleppkettenförderer bzw. Vibrationswendelförderer) entwickelt und realisiert.
Am Beispiel der automatischen Beschickung eines Bohrarbeitsplatzes in der Klein- und Mittelserienfertigung wurde unter möglichst praxisnahen Bedingungen die Funktionsfähigkeit der zwei Systemlösungen gezeigt und die entwickelten flexiblen Ordnungs- und Zuführelemente erprobt.
Um die Anwendungsgrenzen der flexiblen Ordnungselemente zu bestimmen, wurden mit einem erweiterten Werkstückspektrum die Einstellparameter und die Leistungsdaten anhand experimenteller Untersuchungen ermittelt und mit den theoretischen Werten verglichen. Hierbei konnte eine gute Übereinstimmung erzielt werden. Aufgrund dieser Ergebnisse bietet sich zukünftig die Möglichkeit, flexible Ordnungseinrichtungen mittels der theoretisch berechenbaren Einstellparameter zumindest teilweise automatisch zu optimieren.

Die hier aufgezeigte Entwicklungsrichtung, die Flexibilität von mechanischen Ordnungssystemen zu erhöhen, erscheint auf den ersten Blick mit den Lösungsansätzen, PHG mit Sensoren zum Ordnen zu entwickeln, zu konkurrieren. Dies ist jedoch nicht der Fall.
Flexible mechanische Ordnungselemente schließen die heute noch bestehende Lücke beim Sensoreinsatz.
Führt man die begonnene Entwicklung in der Richtung weiter, daß die manuell verstellbaren Ordnungselemente über geeignete Steueralgorithmen anhand bestimmter Werkstück- und Prozeßparameter automatisch innerhalb des Ordnungsprozesses verstellt werden können, so können die bisher ungelösten Probleme beim Einsatz von PHG mit Sensoren gelöst und weitere Probleme,wie z.B.

- der Erkennungs- und Verarbeitungsprozeß eines Sensors,
- der kinematische Aufbau eines Greifers, der Werkstücke in verschiedenen Orientierungen greifen kann,

wesentlich vereinfacht werden.
Eine Kombination beider Entwicklungen wird in der Zukunft erst zu technisch und wirtschaftlich realisierbaren Lösungen führen.

LITERATURVERZEICHNIS

1. Warnecke, H.J.; Schraft, R.-D. — Industrieroboter. Buchreihe "Produktionstechnik heute". Mainz: Krausskopf, 1979.

2. Herrmann, G. — Analyse von Handhabungsvorgängen im Hinblick auf deren Anforderungen an programmierbare Handhabungsgeräte (PHG) in der Teilefertigung. Dr.-Ing. Dissertation Universität Stuttgart, 1976.

3. o.V. — VDI-Richtlinie 286o (Entwurf): Handhabungsfunktionen - Begriffe, Definitionen, Symbole -.

4. o.V. — VDI-Richtlinie 324o: Zubringeeinrichtungen. Begriffe, Kennzeichnung, Anforderungen. Berlin, Köln:Beuth-Vertrieb,1968.

5. o.V. — Werkstückhandhabung in der automatisierten Fertigung. Ein Leitfaden zur Lehrschau. Württembergischer Ingenieurverein. Stuttgart, 1968.

6. Hesse, S.; Zapf, H. — Verkettungseinrichtungungen der Fertigungstechnik. München: C. Hanser, 1971.

7. Warnecke, H.J.; Weiss, K. — Katalog Zubringeeinrichtungen. Buchreihe "Produktionstechnik heute". Mainz: Krausskopf, 1978.

8. Nikolaj, D. Optoelektronisches Meß- und Sensorsystem. BBC Nachrichten 198o, Heft 5, S. 168 - 172.

9. Bitter, K.H. Einsatzmöglichkeiten und Einsatzplanung von Optoelektronischen Sensoren mit Bildverarbeitung. GEWIPLAN Seminar und Workshop: Sensoren in der Fertigungstechnik. Frankfurt, 1981.

1o. Geißelmann, H. Sensor-Roboter-System zum Vereinzeln und Ordnen von Werkstücken. Maschinen-anlagen-verfahren 12, 198o, S. 27 - 29.

11. Kelly, R.; Birk, J.; Dessimoz, H.; Martins, H.; Tella, R. Acquiring Connecting Rod Castings Using a Robot with Vision and Sensors. Proceedings: 1st RoViSeC 1981, S. 169 - 177.

12. Masuda, R.; Hasegawa, K. Total Sensory System for Robot Control and its Design Approach. Proceedings of the 11th International Symposium on Industrial Robots, Tokyo, 1981, S.159-166.

13. Spur, G.; Kraft, H.-R.; Sinning, H. Rechnergeführte Objekterfassung mit optischen Bildsensoren. Proceedings of the 8th International Symposium on Industrial Robots. Stuttgart, 1978, S. 155 - 164.

14. Tropf, H. — Analysis-By-Synthesis Search to Interpret Degraded Image Data. Proceedings: 1st RoViSeC 1981, S. 25 - 33.

15. Ducan, D.; Birk, J.; Kelly, R. — Hardware Computation of Image Features Based on Local Gradient Direktion Histograms. Proceedings of th 1oth International Symposium on Industrial Robots, Mailand 198o, S. 369 - 38o.

16. Rosen, C.A.; Nitzan, D. — Use of Sensors in Programmable Automation. IEEE Computer Society Magazine, 1979.

17. Vander Brug, G.J.; Albus, J.S.; Barkmeyer, E. — A Vision System for Real Time Control of Robots. Proceedings of the 9th International Symposium on Industrial Robots, Washington, 1979. S. 213 - 231.

18. Delazer, R.; Gini, M. — Precision Measurement by Stereo Vision System. Proceedings of the 1oth Internation Symposium on Industrial Robots, Mailand, 198o, S. 361 - 368.

19. Nitzan, D.; Brain, A.E.; Duda, R.O. — The Measurement and Use of Registered Reflectance and Range Data in Scene Analysis. Proceedings of IEEE,Vol. 65,No.2, 1977, S. 2o6 - 22o.

2o. Stratemeier, U. — Optoelektronische Lageerkennung von Werkstücken mit geringen Merkmalsunterschieden. Proceedings of the 8th International Symposium on Industrial Robots, Stuttgart, 1978.

21. o.V. — Flexibles Erkennen und Ordnen von Schüttgutteilen. Firmenschrift der IBP-Pietzsch GmbH, Ettlingen, 1981.

22. Frank, H.E. — Das Verhalten von Werkstücken bei automatiserter Handhabung in der Fertigung. Dr.-Ing. Dissertation Universität Stuttgart, 1974.

23. Weiss, K. — Anwendungsbereiche von automatischen Ordnungs- und Zuführsystemen. HGF-Kurzbericht 79/87, Girardet, Essen, 1979.

24. Groh, W. — Das Ordnen von Massenteilen und ihre selbsttätige Zuführung in die Werkzeugmaschinen. Werkstattechnik und Maschinenbau 47 (1957), Nr.8, S. 4o2 - 41o.

25. Boothroyd, G.; Ho, C. — Natural Resting Aspects for Parts for Automatic Handling. A.S.M.E. paper 76-WA/Prod 4o, 1976.

26. Zangemeister, C. — Nutzwertanalyse in der Systemtechnik. München: Wittemannsche Buchhandlung, 1976.

27. Weiss, K. — Analytische Betrachtung von Ordnungselementen als Voraussetzung für ihren Einsatz in einem programmierbaren Ordnungssystem. HGF-Kurzbericht 624, Giradet, Essen, 1982.

28. Schraft, R.-D. — Systematisches Auswählen und Konzipieren von programmierbaren Handhabungsgeräten. Dr.-Ing. Dissertation Universität Stuttgart, 1977.

29. Schief, A. — Möglichkeiten und Grenzen menschlicher Sinnesfunktionen durch technische Sensoren. Regelungstechnik (1975) Nr.23, S. 265 - 4oo.

3o. Schweizer, M. — Taktile Sensoren für programmierbare Handhabungsgeräte. Dr.-Ing. Dissertation Universität Stuttgart, 1978.

31. Wanner, M.C.; Weiss, K. — Systematische Vorgehensweise bei der Konzeption, der Entwicklung und der Ausarbeitung von Handhabungseinrichtungen. Technische Rundschau Nr.4, 1982.

32. Autorenkollektiv — VDI-Richtlinie 2222, Blatt 1. Konstruktionsmethodik, Konzipieren technischer Produkte Beuth Vertrieb, Berlin, 1977.

33. Pahl, G.; Beitz, W. — Konstruktionslehre Handbuch für Studium und Praxis. Springer-Verlag, Berlin, 1977.

34. Kesselring, F. Morphologisch-analytische Konstruktionsmethode. VDI-Z 97 (1955), S. 327 - 331.

35. Autorenkollektiv Vibrationswendelförderer mit flexiblen Ordnungselemente. In: Neue Handhabungssysteme als Technische Hilfe für den Arbeitsprozess. Abschlußbericht (Teil 6) zum gleichnamigen Forschungsvorhaben des Bundesministeriums für Forschung und Technologie, April 1979.

36. Böttcher, S. Beitrag zur Klärung von Gutbewegungen auf Schwingrinnen. Teile I,II und III. f+h 18 (1958). S. 127-131, S. 235-24o, S.3o7-315.

37. Wehmeier, K.H. Untersuchungen zum Fördervorgang auf Schwingrinnen. Fördern und Heben Bd.11 (1961) Nr. 5, S. 317 - 327.

38. Habenicht, D. Hilfen zur Optimierung von Vibrationswendelförderern. Teile I,II und III, VDI-Z Bd. 123 (1981) Nr. 3, S. 82 - 86, Nr. 6, S. 215 - 218, Nr.8, S.297-3o1.

39. Schraft, R.D.; Wanner, M.C.; Weiss, K. Untersuchung des Schwingverhaltens von Geräten der Schwingzuführtechnik mit Hilfe der Modalanalyse. VDI-Berichte 456, S. 97-103. VDI Verlag, Düsseldorf, 1982..

4o. Autorenkollektiv — Taktiler Sensor zur Lageerkennung und Positionsermittlung. In: Neue Handhabungssysteme als Technische Hilfen für den Arbeitsprozess. Zwischenbericht (Teil 4) zum gleichnamigen Forschungsvorhaben des Bundesministeriums für Forschung und Technologie, 1977.

41. Graf, B.; Knappmann, R.; Schmidt, I.; Weiss, K. — Automatischer flexibler Bohrarbeitsplatz für Kleinserien. Technische Rundschau Nr. 8 und Nr. 1o, 1979.

42. Weiss, K. — Einsatz von flexiblen Zuführ- und Ordnungseinrichtungen für die automatische Beschickung einer Bohrmaschine. Montage- und Handhabungstechnik - anwendungsorientiert. Fachtagung Montage-und Handhabungstechnik 24. und 25.4., Hannover-Messe 1979. Krausskopf, Mainz.

IPA Forschung und Praxis

Schriftenreihe aus dem Institut für Produktionstechnik und Automatisierung, Stuttgart

Herausgeber: Prof. Dr.-Ing. H. J. Warnecke

Datenerfassung im Produktionsbereich
Von E. Bendeich. ISBN 3-7830-0117-8.
1977, 176 Seiten, kartoniert. 54,— DM

Methodenauswahl für die Materialbewirtschaftung in Maschinenbau-Betrieben
Von H. Graf. ISBN 3-7830-0136-6.
1977, 144 Seiten, kartoniert. 54,— DM

Systematische Auswahl von Förderhilfsmitteln für den innerbetrieblichen Materialfluß
Von W. Rau. ISBN 3-7830-0139-0.
1977, 103 Seiten, kartoniert. 40,— DM

Grundlagen zur Planung von Ersatzteilfertigungen
Von E. Schulz. ISBN 3-7830-0138-2.
1977, 98 Seiten, kartoniert. 40,— DM

Rechnerunterstützte Fabrikplanung
Von B. Minten. ISBN 3-7830-0116-1.
1977, 124 Seiten, kartoniert. 38,— DM

Eine Planungsmethode für automatische Montagesysteme
Von H.-G. Lohr. ISBN 3-7830-0120-X.
1977, 108 Seiten, kartoniert. 32,— DM

Planung und Bewertung von Arbeitssystemen in der Montage
Von H. Metzger. ISBN 3-7830-0131-5.
1977, 108 Seiten, kartoniert. 40,— DM

Klassifizierungssystem für Prüfmittel der industriellen Längenprüftechnik
Von R. Czetto. ISBN 3-7830-0144-7.
1978, 181 Seiten, kartoniert. 64,— DM

Rechnerunterstützte Montageplanung
Von O. Hirschbach. ISBN 3-7830-0149-8.
1978, 146 Seiten, kartoniert. 52,— DM

Rechnerunterstützte Entwicklung von Simulationsmodellen für Unternehmensplanspiele
Von A. Moker. ISBN 3-7830-0147-1.
1978, 181 Seiten, kartoniert. 64,— DM

Arbeitsplatzanalysen zur Ermittlung der Einsatzmöglichkeiten und Anforderungen an Industrieroboter
Von G. Herrmann. ISBN 37830-0151-X.
1978, 113 Seiten, kartoniert. 40,— DM

MFSP — Ein Verfahren zur Simulation komplexer Materialflußsysteme
Von G. Stemmer. ISBN 3-7830-0118-8.
1977, 140 Seiten, kartoniert. 60,— DM

Berührungslose Erkennung durch Positionsbestimmung von Objekten durch inkohärent-optische Korrelation
Von M. Konig. ISBN 3-7830-0137-4.
1977, 110 Seiten, kartoniert. 40,— DM

Auslegung von Störungspuffern in kapitalintensiven Fertigungslinien
Von R. v. Stetten. ISBN 3-7830-0140-4.
1977, 154 Seiten, kartoniert. 56,— DM

Flexible Transportablaufsteuerung
Von G. Romer. ISBN 3-7830-0114-5.
1977, 188 Seiten, kartoniert. 60,— DM

Rechnergestützte Realplanung von Fabrikanlagen
Von T.-K. Sauter. ISBN 3-7830-0119-6.
1977, 108 Seiten, kartoniert. 32,— DM

Systematisches Auswählen und Konzipieren von programmierbaren Handhabungsgeräten
Von R. D. Schraft. ISBN 3-7830-0115-3.
1977, 108 Seiten, kartoniert. 32,— DM

Auslandsproduktion
Von W. Cypris. ISBN 3-7830-0145-5.
1978, 126 Seiten, kartoniert. 42,— DM

Wirtschaftlicher Einsatz von Mehrkoordinatenmeßgeräten
Von M. Dietzsch. ISBN 3-7830-0148-X.
1978, 142 Seiten, kartoniert. 52,— DM

Fertigungssteuerung bei flexiblen Arbeitsstrukturen
Von K.-G. Lederer. ISBN 3-7830-0146-3.
1978, 128 Seiten, kartoniert. 42,— DM

Untersuchungen zum Polieren und Entgraten durch elektrochemisches Oberflächenabtragen
Von K. Zerweck. ISBN 3-7830-0150-1.
1978, 110 Seiten, kartoniert. 40,— DM

Stufenweise Ableitung eines praktischen Planungssystems für den Entwicklungsbereich
Von R. Hichert. ISBN 3-7830-0149-8.
1978, 151 Seiten, kartoniert. 52,— DM

Produktionsplanung mit Auftragsfamilien
Von U. W. Geitner. ISBN 3-7830-0161.7.
1979, 110 Seiten, kartoniert. 45,— DM

Thermisch-chemisches Entgraten
Von T. Wagner. ISBN 3-7830-0164-1.
1979, 111 Seiten, kartoniert. 45,— DM

Untersuchung der Materialflußkosten bei ausgewählten Systemen der Zentralen Arbeitsverteilung
Von R. Wenzel. ISBN 3-7830-0162-5.
1979, 168 Seiten, kartoniert. 86,— DM

Anpassung und Einführung eines Planungssystems für die Ablaufplanung im Konstruktionsbereich
Von W. Dangelmaier. ISBN 3-7830-0163-3
1979, 168 Seiten, kartoniert. 80,— DM

Längenmessungen an bewegten Teilen mit berührungslos wirkenden Aufnehmern
Von H. Lang. ISBN 3-7830-0157-9
1979, 89 Seiten, kartoniert. 42,— DM

Untersuchung multistabiler Strömungselemente und ihr Einsatz in sequentiellen Steuerungen
Von A. Ernst. ISBN 3-7830-0157-9.
1979, 122 Seiten, kartoniert. 48,— DM

Taktile Sensoren für programmierbare Handhabungsgeräte
Von M. Schweizer. ISBN 3-7830-0158-7
1979, 91 Seiten, kartoniert. 42,— DM

Die rechnerunterstützte Prüfplanung
Von P. Blasing. ISBN 3-7830-0152-8.
1979, 100 Seiten, kartoniert. 44,— DM

Verfahren zur Fabrikplanung im Mensch-Rechner-Dialog am Bildschirm
Von W. Ernst. ISBN 3-7830-0156-0.
1979, 218 Seiten, kartoniert. 72,— DM

Rechnerunterstütztes Verfahren zur Leistungsabstimmung von Mehrmodell-Montagesystemen
Von M. Gorke. ISBN 3-7830-0155-2.
1979, 139 Seiten, kartoniert. 50,— DM

Standortbezogene Betriebsmittel
Von G. Pflieger. ISBN 3-7830-0167-6
1979, 127 Seiten, kartoniert. 52,— DM

Die betriebswirtschaftliche Beurteilung neuer Arbeitsformen
Von B.-H. Zippe. ISBN 3-7830-0168-4.
1979, 350 Seiten, kartoniert. 98,— DM

Untersuchung des Arbeitsverhaltens programmierbarer Handhabungsgeräte
Von B. Brodbeck. ISBN 3-7830-0169-2.
1979, 117 Seiten, kartoniert. 48,— DM

Untersuchung eines kohärent-optischen Verfahrens zur Rauheitsmessung
Von N. Rau. ISBN 3-7830-0174-9.
1979, 117 Seiten, kartoniert. 48,— DM

Entwicklung einer programmierbaren, pneumatischen Steuerung
Von D. Klemenz. ISBN 3-7830-0171-4
1979, 93 Seiten, kartoniert. 42,— DM

Diese Berichte sind zu beziehen durch den Krausskopf-Verlag, Lessingstraße 12, 6500 Mainz

IPA Forschung und Praxis

Berichte aus dem Fraunhofer-Institut für Produktionstechnik und Automatisierung, Stuttgart, und dem Institut für Industrielle Fertigung und Fabrikbetrieb der Universität Stuttgart

Herausgeber: Prof. Dr.-Ing. H. J. Warnecke

38 **Arbeitsgangterminierung mit variabel strukturierten Arbeitsplänen — Ein Beitrag zur Fertigungssteuerung flexibler Fertigungssysteme**
Von U. Maier. ISBN 3-540-10213-2.
1980, 111 Seiten mit 45 Abbildungen. 43,-- DM

39 **Kapazitätsabgleich bei flexiblen Fertigungssystemen**
Von P. S. Nieß. ISBN 3-540-10372-4.
1980, 151 Seiten mit 57 Abbildungen. 48,-- DM

40 **Schichtdickenverteilung auf galvanisierten Paßteilen am Beispiel kleiner abgesetzter Wellen und Bohrungen**
Von D. Wolfhard. ISBN 3-540-10373-2.
1980, 177 Seiten mit 83 Abbildungen. 48,-- DM

41 **Planung von Mehrstellenarbeit unter Berücksichtigung von Umfeldaufgaben**
Von S. Haußermann. ISBN 3-540-10374-0.
1980, 136 Seiten mit 59 Abbildungen. 48,-- DM

42 **Untersuchungen zur Schmierfilmdicke in Druckluftzylindern — Beurteilung der Abstreifwirkung und des Reibungsverhaltens von Pneumatikdichtungen mit Hilfe eines neu entwickelten Schmierfilmdicken-meßverfahrens**
Von R. Kohnlechner. ISBN 3-540-10375-9.
1980, 100 Seiten mit 38 Abbildungen und 4 Tabellen. 43,— DM

43 **Typologie zum überbetrieblichen Vergleich von Fertigungssteuerungsverfahren im Maschinenbau**
Von G. Rabus. ISBN 3-540-10376-7.
1980, 174 Seiten mit 88 Abbildungen und 21 Tafeln. 48,— DM

44 **System zur Planung des Umlaufbestandes in Betrieben mit Serienfertigung**
Von K.-G. Wilhelm. ISBN 3-540-10377-5.
1980, 142 Seiten mit 67 Abbildungen und 15 Tafeln. 48,— DM

45 **Rechnerunterstützte Arbeitsplanerstellung mit Kleinrechnern, dargestellt am Beispiel der Blechbearbeitung**
Von W. Hoheisel. ISBN 3-540-10505-0.
1981, 169 Seiten mit 74 Abbildungen. 48,— DM

46 **Beitrag zur Verbesserung der Wirtschaftlichkeit EDV-unterstützter Fertigungssteuerungssysteme durch Schwachstellenanalyse**
Von J. Lienert. ISBN 3-540-10506-9.
1981, 148 Seiten mit 37 Abbildungen. 48,— DM

47 **Die Abscheidung von Öl an Entlüftungsöffnungen drucklufttechnischer Anlagen**
Von W.-D. Kiessling. ISBN 3-540-10604-9.
1981, 117 Seiten mit 48 Abbildungen und 3 Tabellen. 43,— DM

48 **Dynamische Optimierung technisch-ökonomischer Systeme**
Von J. Warschat. ISBN 3-540-10717-7.
1981, 132 Seiten mit 60 Abbildungen. 43,— DM

49 **Bildsensor zur Mustererkennung und Positionsmessung bei programmierbaren Handhabungsgeräten**
Von H. Geißelmann. ISBN 3-540-10735-5.
1981, 125 Seiten mit 52 Abbildungen. 43,— DM

50 **Verfügbarkeitsberechnung für komplexe Fertigungseinrichtungen**
Von Ekkehard Gericke. ISBN 3-540-10779-7.
1981, 132 Seiten mit 71 Abbildungen. 43,— DM

51 **Materialflußgestaltung in Fertigungssystemen**
Von Willi Rößner. ISBN 3-540-10888-2.
1981, 149 Seiten mit 76 Abbildungen. 48,— DM

52 **Beitrag zur Analyse der Auswirkungen der Mikroelektronik, dargestellt am Beispiel der Büromaschinen-Industrie**
Von Werner Neubauer. ISBN 3-540-10991-9.
1981, 145 Seiten mit 27 Abbildungen und 47 Tabellen. 43,— DM

53 **Modelle von Informationssystemen zur kurzfristigen Fertigungssteuerung und ihre Gestaltung nach betriebsspezifischen Gesichtspunkten**
Von Roland Gentner. ISBN 3-540-10992-7.
1981, 181 Seiten mit 69 Abbildungen und 7 Tabellen. 48,— DM

54 **Entwicklung von Verfahren zur Terminplanung und -steuerung bei flexiblen Montagesystemen**
Von Jurgen H. Kolle. ISBN 3-540-11227-8.
1981, 132 Seiten mit 64 Abbildungen und 1 Faltplan. 43,— DM

55 **Arbeits- und Kapazitätsteilung in der Montage**
Von Stefan Dittmayer. ISBN 3-540-11228-6.
1981, 124 Seiten und 56 Abbildungen. 43,-- DM

Die Berichte 38 und folgende sind zu beziehen durch den Springer-Verlag, Berlin Heidelberg New York

IPA Forschung und Praxis

Berichte aus dem Fraunhofer-Institut für Produktionstechnik und Automatisierung, Stuttgart, und dem Institut für Industrielle Fertigung und Fabrikbetrieb der Universität Stuttgart

Herausgeber: Prof. Dr.-Ing. H. J. Warnecke

56 **Beitrag zur systematischen Planung der Qualitätsprüfung bei Klein- und Mittelserienfertigung**
Von Herbert Babic. ISBN 3-540-11325-8
1982, 108 Seiten mit 38 Abbildungen und 7 Tabellen. 53.– DM

57 **Methode zur rechnerunterstützten Einsatzplanung von programmierbaren Handhabungsgeräten**
Von Uwe Schmidt-Streier. ISBN 3-540-11355-X.
1982, 188 Seiten mit 72 Abbildungen. 53.– DM

58 **Werkstoff- und Energiekennwerte industrieller Lackieranlagen, am Beispiel der Automobilindustrie**
Von Rainer Manfred Thiel. ISBN 3-540-11356-8.
1982, 116 Seiten mit 59 Abbildungen.53.– DM

59 **Maßnahmen zum Verbessern der pneumatischen Lackzerstäubung – Teilchengrößenbestimmung im Spritzstrahl –**
Von Klaus Werner Thomer. ISBN 3-540-11507-2.
1982, 162 Seiten mit 94 Abbildungen und 1 Tabelle. 53.– DM

60 **Ermittlung und Bewertung von Rationalisierungsmaßnahmen im Produktionsbereich**
Von Jürgen Schilde. ISBN 3-540-11730-X.
1982, 158 Seiten mit 57 Abbildungen. 53.– DM

61 **Untersuchung von Verfahren der Reihenfolgeplanung und ihre Anwendung bei Fertigungszellen**
Von Mohamed Osman. ISBN 3-540-11747-4.
1982, 124 Seiten mit 32 Abbildungen und 3 Tabellen. 53.– DM

62 **Ein Simulationsmodell zur Planung gruppentechnologischer Fertigungszellen**
Von Volker Saak. ISBN 3-540-11747-4.
1982, 134 Seiten mit 53 Abbildungen. 53.– DM

63 **Verfahren zur technischen Investitionsplanung automatisierter Fertigungsanlagen**
Von Günter Vettin. ISBN 3-540-11747-4.
1982, 134 Seiten mit 63 Abbildungen. 53.– DM

64 **Pneumatische Sensoren zur prozeßsimultanen Messung des Werkzeugverschleißes und zur Kollisionsvermeidung beim Messerkopffräsen**
Von Wolfgang Jentner. ISBN 3-540-11747-4.
1982, 126 Seiten mit 47 Abbildungen und 6 Tabellen. 53.– DM

65 **Rechnerunterstützte Gestaltung ortsgebundener Montagearbeitsplätze, dargestellt am Beispiel kleinvolumiger Produkte**
Von Eberhard Haller. ISBN 3-540-12015-7.
1982, 130 Seiten mit 43 Abbildungen. 53.– DM

66 **Fernsehüberwachung von Schutzgasschweißvorgängen mit abschmelzender Elektrode MIG – MAG**
Von Ruprecht Niepold. ISBN 3-540-12181-7.
1983, 178 Seiten mit 73 Abbildungen und 5 Tabellen. 58.– DM

67 **Entwicklung flexibler Ordnungssysteme für die Automatisierung der Werkstückhandhabung in der Klein- und Mittelserienfertigung**
Von Karl Weiss. ISBN 3-540-12455-1.
1983, 116 Seiten mit 68 Abbildungen. 58.– DM

68 **Automatisierte Überwachungsverfahren für Fertigungseinrichtungen mit speicherprogrammierten Steuerungen**
Von Werner Eißler. ISBN 3-540-12456-X.
1983, 128 Seiten mit 66 Abbildungen. 58.– DM

69 **Prozeßüberwachung beim Galvanoformen**
Von Jürgen Wilhelm Böcker. ISBN 3-540-12457-8.
1983, 118 Seiten mit 32 Abbildungen. 58.– DM